Rheinisch-Westfälische Akademie der Wissenschaften

Natur-, Ingenieur- und Wirtschaftswissenschaften Vorträge · N 251

Herausgegeben von der
Rheinisch-Westfälischen Akademie der Wissenschaften

HANS EBNER

Grundlagen zum Entwurf von Plattformen und Behältern für die Meerestechnik

HELMUT DOMKE

Probleme bei der Verwendung von Kunststoffen für tragende Konstruktionen

Westdeutscher Verlag

227. Sitzung am 2. Oktober 1974 in Düsseldorf

Gesamtherstellung: Westdeutscher Verlag GmbH

ISBN 978-3-531-08251-6 ISBN 978-3-322-85687-6 (eBook)
DOI 10.1007/978-3-322-85687-6

Inhalt

Grundlagen zum Entwurf von Plattformen und Behältern für die Meerestechnik

Von *Hans Ebner*, Aachen

Georg Weinblum zum Andenken gewidmet

Einleitung

Es ist fast genau sechs Jahre her, daß ich an dieser Stelle auf Anregung von Leo Brandt einen Vortrag über konstruktive Probleme der Ozeanographie hielt. Ich habe mich damals auf Unterwasserfahrzeuge und Unterwasserhäuser beschränkt, die vornehmlich für die Meeresforschung eingesetzt werden. Der heutige Vortrag soll sich dagegen mit Großgeräten befassen, die in erster Linie zur industriellen Nutzung des Meeres dienen, d. h. mit Plattformen und Großbehältern für die Förderung und Lagerung von Erdöl und Erdgas.

Durch die Enteignung der Ölgesellschaften in verschiedenen Ölexportländern und die Drosselung der Ölexporte in die westlichen Länder hat sich die Ölkrise seit Beginn des Jom-Kippur-Krieges im letzten Jahr erheblich verschärft. Aus diesem Grunde wurde die Öl- und Gassuche in dem politisch sicheren Bereich der Nordsee in den letzten Jahren verstärkt.

Abb. 1 zeigt, daß diese Suche nach Erdöl besonders im norwegischen und britischen Sektor sehr erfolgreich war. Aus den sich um Ekofisk gruppierenden Ölquellen erwartet man im nächsten Jahr eine Ausbeute von 20 Mio. Tonnen und bis zum Jahr 1978 von über 40 Mio. Tonnen Rohöl pro Jahr[1]. Anfang der 80er Jahre sollen die Ölfelder um Ekofisk und das neuentdeckte Statfjord-Feld jährlich 80 Mio. Tonnen abgeben. Da dies den Eigenbedarf übersteigt, wird Norwegen in der Zukunft zu einem ölexportierenden Land werden. Im britischen Sektor liegen die Verhältnisse ähnlich. Man schätzt die jährliche Förderung hier auf Grund der neuen Funde bei den Shetland-Inseln für das Jahr 1977 auf 50 Mio. Tonnen, das ist rund die Hälfte des gegenwärtigen Öleigenverbrauchs. Während im holländischen und im südlichen englischen Bereich größere Erdgasfunde gemacht wurden, ist man im deutschen Sektor, der sich keilförmig zwischen den holländischen und den dänischen schiebt, bisher weniger erfolgreich. Mangels einer geeigneten Bohrinsel mußten die beabsichtigten Bohrungen, die z. T. im Anschlußgebiet an das dänische Ölfeld „DAN“ geplant sind, längere Zeit verschoben werden. Die

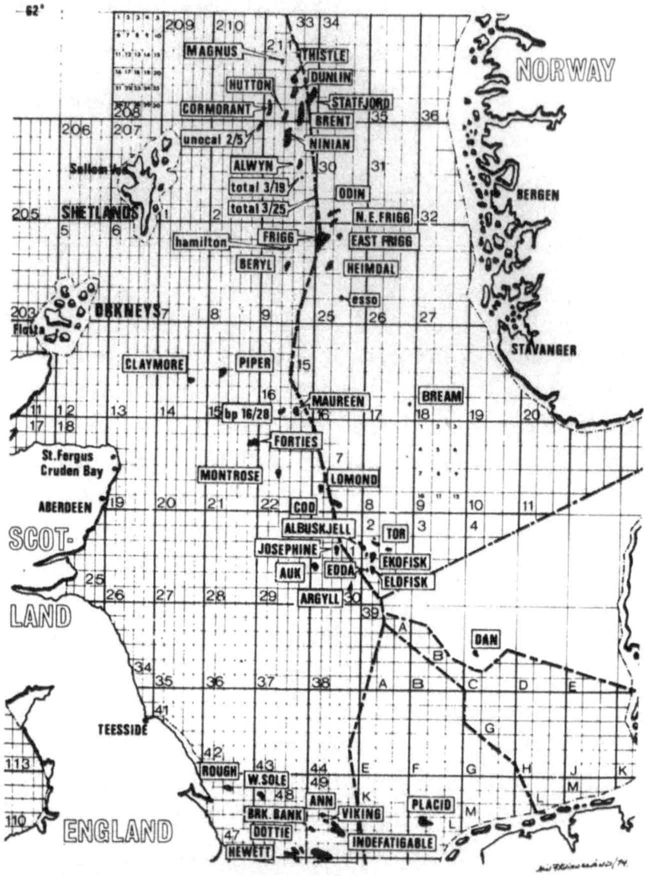

Abb. 1: Ölfunde in der Nordsee

Ölförderung in der Nordsee ist zwar wegen der schwierigen Wetterverhältnisse mit höheren Kosten verbunden als in anderen Schelfgebieten und wesentlich teurer als auf dem Festland. Sie gibt jedoch den westlichen Ländern Europas die Möglichkeit, sich bis zu einem gewissen Grad vom arabischen Öl unabhängig zu machen. Der Anteil der Welterdölproduktion aus Schelfgebieten war Ende der 60er Jahre schon rd. 15%, er dürfte sich bis Ende der 70er Jahre verdoppeln.

Um die Ölförderung aus der Nordsee in dem wirtschaftlich tragbaren Umfang weiterzuführen, müssen neue Plattformen und Lagerbehälter entworfen und gebaut werden. Zur Zeit sind etwa 70 Halbtaucher und 50 andere Bohrplattformen in Auftrag, davon etwa die Hälfte in europäischen Werften, die im Laufe der nächsten Jahre in Betrieb genommen werden sollen. Da in den letzten Jahren besonders mit Halbtauchern zahlreiche Unfälle, z. T. Totalverluste, durch ungünstige Seegangsbedingungen aufgetreten sind, ist es angebracht, in einer Übersicht die Grundlagen für den Entwurf von Plattformen und Großbehältern in der Meerestechnik darzulegen. Bevor ich jedoch auf Einzelheiten der wichtigsten Umweltbedingungen, insbesondere auf die Erfassung der Beanspruchung durch Wind und Seegang eingehe, möchte ich einen Überblick über die gebräuchlichsten Systeme von Plattformen geben und einige Vertreter dieser Systeme zeigen.

Da das Bohren zu immer größeren Wassertiefen vordringt, war es notwendig, neben der festen Plattform neue bewegliche Plattformen zu entwickeln, die vom Herstellungsort an die Bohrstelle eingeschwommen und dort als „Hubinsel" durch Ausfahren der Beine aufgestellt oder als „Halbtaucher" im Schwimmzustand in Position gehalten werden.

Die drei erwähnten Plattformtypen sind auf Abb 2 dargestellt, zusammen mit einem Bohrschiff, das im Betriebszustand auch als schwimmende Plattform anzusehen ist. In den folgenden Abb. werden nun die

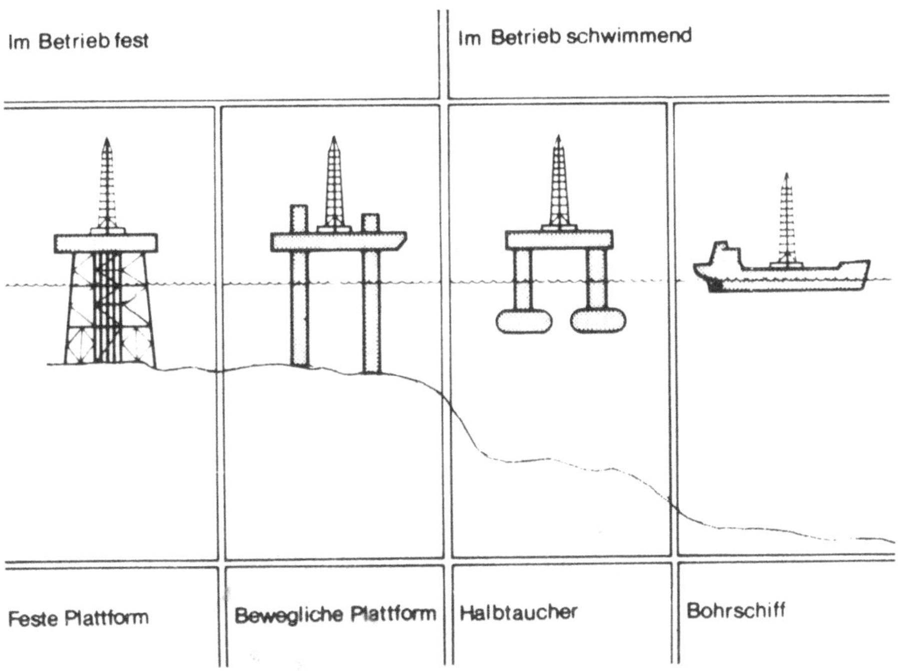

Abb. 2: Plattform-Typen

Abb. 3: Feste Plattform

Vertreter dieser drei Typen vorgeführt, und zwar zunächst in den Abb. 3, 4 und 5 die ortsfesten Plattformen. Seit 30 Jahren hat sich für kleinere Wassertiefen eine aus Stahlrohren gebildete Fachwerkkonstruktion durchgesetzt. Während zunächst die das Plattformdeck tragenden Pfeiler noch einzeln in den Meeresboden gerammt wurden, wird heute das vorgefertigte Stahlrohrgerüst zunächst auf dem Meeresboden abgesetzt und dann durch gerammte Pfähle, für welche die Rohrpfeiler als Führungsrohre benutzt werden, mit dem Meeresboden verbunden (Abb. 3). Anschließend wird das meist mehrgeschossige Deck mit Bohrturm, Krananlagen, Landedeck für Hubschrauber usw. aufgebaut. Bei der in Abb. 4 dargestellten Plattform wird das Deck mit dem Bohrturm nur von vier Rohren getragen, die nicht nur die vertikalen Kräfte aufnehmen müssen, sondern auch die horizontalen Kräfte, die durch Biegung mit

Querkräften auf den Meeresgrund abgesetzt werden müssen. Abb. 5 zeigt eine interessante Einpfeilerkonstruktion, die vor einigen Jahren in Alaska errichtet wurde. Der Mittelpfeiler ist doppelwandig ausgeführt, wobei durch Druckerzeugung zwischen den Rohrwänden das äußere Rohr gegen Eindruck entlastet wird. Im inneren Raum können die Arbeiten, z. B. beim Komplettieren des Bohrlochs, vor Kälte geschützt durchgeführt werden. Der Mittelpfeiler wird durch eine pyramidenförmige Rohrkonstruktion abgestützt, die an den Ecken durch Rammpfähle mit dem Meeresboden verbunden wird.

Aus aktuellem Anlaß möchte ich noch eine weitere feste Plattform zeigen, die nicht der Ölsuche oder Ölförderung sondern der Forschung

Abb. 4: Vierbeinige feste Plattform

Abb. 5: Monopod-Plattform

dienen soll. Es ist die im Auftrag des BMFT entwickelte Nordsee-Forschungsplattform, die sich in der Nähe von Helgoland in der Endmontage befindet. Sie ist auch dadurch besonders bemerkenswert, daß fünf deutsche Firmen nach der Planung durch die Ingenieurgemeinschaft Meerestechnik und Seebau bei der Errichtung mitgewirkt haben.

Der in Abb. 6 im Schwimmzustand zu sehende Unterteil aus vier Stahlrohrböcken stammt von der Firma Krupp, die mir auch die drei Bilder 6–8 zur Verfügung gestellt hat. Der Unterbau ist fest mit einer achteckigen Stahlbetonplatte verbunden, die als schwimmfähiger Hohlkörper von den Firmen Hochtief und Philipp Holzmann gebaut wurde. Durch Ver-

Abb. 6: Unterteil der Forschungsplattform „Nordsee“

Abb. 7: Oberteil der Forschungsplattform „Nordsee“

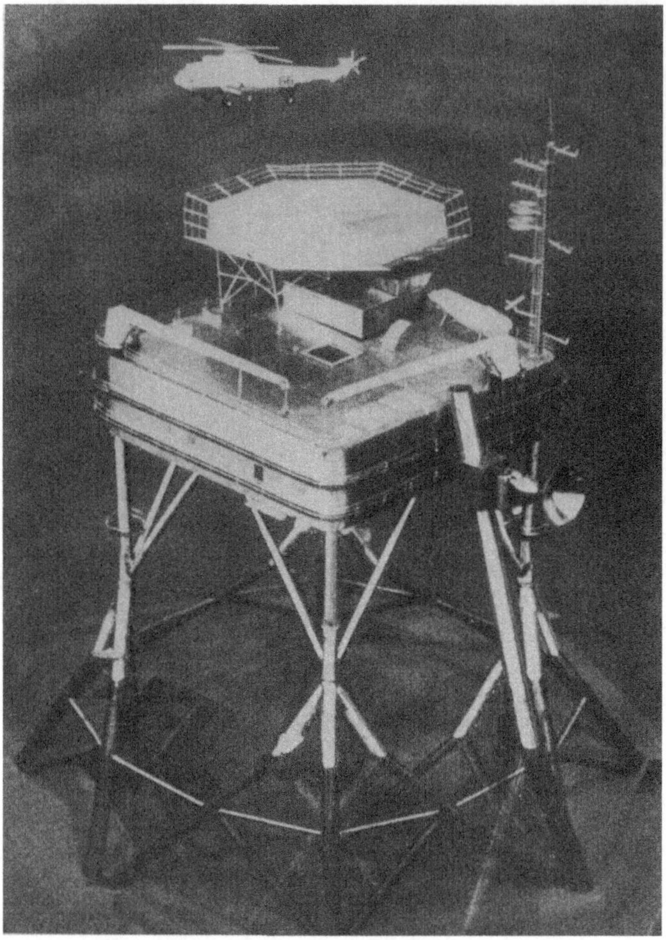

Abb. 8: Modell der Forschungsplattform „Nordsee“

pressen der Hohlräume mit Unterwasserbeton wird der Bodenschluß auf einer 5 m dicken Geschiebemergelschicht hergestellt. In Abb. 7 ist der Oberteil der Plattform zu sehen, der aus dem von der Schiffswerft Pahl gebauten zweistöckigen Deck und dem Stahlgerüst der Firma Babcock besteht, das in vier Punkten mit dem Stahlgerüst des Unterbaues verbunden wird. Der Unterbau ist bereits in der Nordsee abgesenkt, der Oberbau wartet in Helgoland auf günstiges Wetter für den Zusammenschluß. Die fertige Plattform hat dann das im Modell gezeigte Aussehen (Abb. 8).

Die nächste Bildreihe zeigt eine Hubinsel in den verschiedenen Zuständen. Abb. 9 stellt eine schwimmende Plattform während des Schleppens zum Bohrort dar. Abb. 10 zeigt den Zustand beim Anheben der Plattform von der Wasseroberfläche und schließlich Abb. 11 den Betriebszustand, bei dem eine Plattform soweit angehoben ist, daß der zu erwartende Seegang die Plattform nicht mehr erreicht. Die Beine, die mit quadratischem Querschnitt als Gittermaste oder Kastenträger ausgebildet sind, haben zur Auf- und Abbewegung an den Ecken Zahnstangen, in die Ritzel eingreifen, diese werden angetrieben durch Elektromotoren, die in den im Bild zu sehenden Aufbauten des Decks untergebracht sind.

Beim Absetzen der Hubinseln muß für eine ausreichende Standfestigkeit der einzelnen Beine gesorgt werden. Durch vorübergehendes Entlasten einiger Beine kann bei Hubinseln mit mehr als drei Beinen eine die Betriebslast überlagernde Lastgruppe aufgebracht werden. Damit werden die Beine stärker in den Meeresboden eingedrückt, wodurch eine höhere Sicherheit im späteren Betriebszustand gewährleistet wird.

Die letzte Bildreihe zeigt einige Typen von Halbtauchern. Auf Abb. 12 sind oben schematisch die beiden sich grundsätzlich unterscheidenden Typen dargestellt. Bei dem einen ist die Plattform durch drei dicke Eck-

Abb. 9: Einschwimmen einer Hubinsel

Abb. 10: Aufsetzen einer Hubinsel

säulen mit Pontonfüßen verbunden, bei dem anderen ist die Plattform mit mehreren Stützen auf zwei Schwimmern gelagert, ähnlich wie der Rumpf bei Zweischwimmer-Flugzeugen. Die darunter abgebildeten Halbtaucher sind Varianten des Schwimmertyps, d. h. mit anderer Abstützung bzw. Schwimmeranzahl.

Die in Abb. 13 dargestellte Ausführung hat vier Schwimmer *und* Eigenantrieb. Abb. 14 zeigt den Halbtaucher Neptun, der fünf starke Säulen mit flutbaren Pontonfüßen hat, in hoher See.

Während Hubinseln ebenso wie feste Plattformen nur bis etwa 100 m Wassertiefe eingesetzt werden können, sind Halbtaucher für wesentlich größere Wassertiefen verwendbar. Die Hauptschwierigkeit bei Halbtauchern liegt darin, daß sie beim Bohren auf See mit einer bestimmten Toleranz, die von der Wassertiefe und dem Bohrgestänge abhängt, in Position gehalten werden müssen. Dies kann bei nicht zu großen Tiefen durch ein Verankerungssystem geschehen, bei größeren Wassertiefen jedoch nur durch eine elektronisch gesteuerte Positionierung, die sehr kostspielig ist.

Beschreibung der marinen Umwelt

Für die Auslegung der meerestechnischen Konstruktionen ist die Kenntnis möglichst zuverlässiger Daten über die Umwelt notwendig.

Die wichtigsten Faktoren, welche bei der Aufstellung von Lastannahmen berücksichtigt werden sollen, sind in der Abb. 15 zusammengefaßt.

Abb. 11: Hubinsel in Betrieb

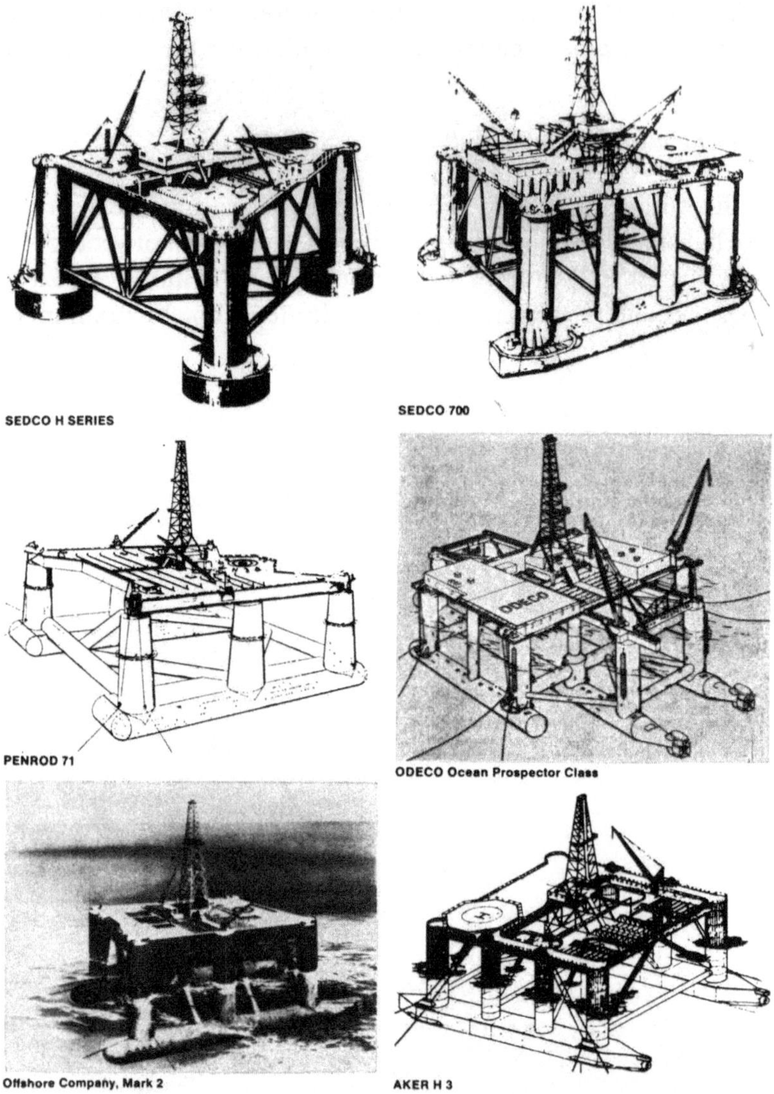

Abb. 12: Halbtaucher-Bauarten

Abb. 13: Halbtaucher mit Schwimmern

Abb. 14: Halbtaucher mit Füßen

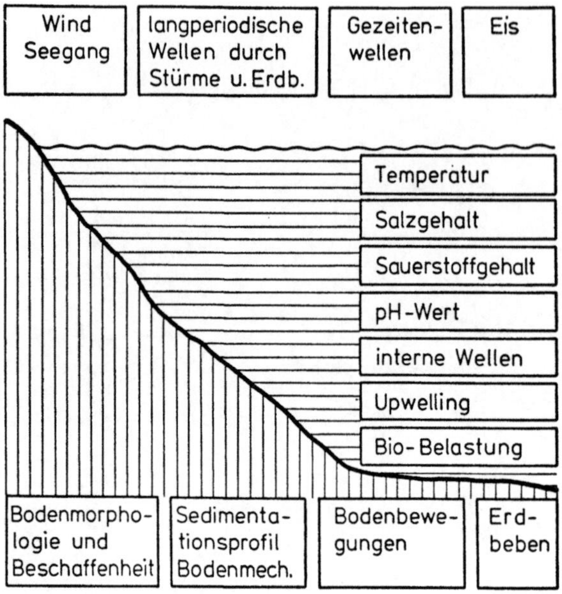

Abb. 15: Umweltbedingungen

An der Oberfläche sind dies:
- Wind und durch ihn erzeugter Seegang
- langperiodische Wellen durch Stürme und Erdbeben
- Gezeitenwellen
- Eis

Im Wasserkörper sind es:
- Temperatur
- Salzgehalt
- Sauerstoffgehalt
- pH-Wert
- interne Wellen
- Upwelling
- Bio-Belastung

Am Meeresboden:
- Bodenmorphologie und Beschaffenheit
- Sedimentationsprofil und bodenmechanische Eigenschaften
- Bodenbewegungen
- Erdbeben

Hier sollen nur die besonders wichtigen Belastungen durch Wind und Oberflächenwellen betrachtet werden.

Die Gesamtheit aller winderzeugten Oberflächenwellen mit einer Periode bis 30 sec faßt man unter dem Sammelbegriff „Seegang" zusammen.

Wellen größerer Periode, hervorgerufen durch Stürme und Erdbeben oder die Gezeitenwellen, können in vielen Fällen die maßgebliche Belastung darstellen.

Im folgenden werden kurz die wichtigsten Verfahren zur Erfassung des Seegangs sowie der Antwort der Struktur geschildert, welche weitgehend auch für Windkräfte angewendet werden können. Grundsätzlich bestehen zwei Betrachtungsweisen, Kurzzeit- und Langzeitbetrachtung, für Wind, Wellen und die durch sie erzeugte Antwort der Struktur. Diese Unterscheidung ergibt sich zwingend aus den mathematischen Modellen, die zur Beschreibung der Umwelt angewandt werden. Die regellose Natur vieler ozeanischer Phänomene, insbesondere von Wind und Seegang, macht die Einführung nichtdeterministischer Verfahren zu ihrer Beschreibung und zur Erfassung der in Form von Kräften, Spannungen oder Bewegungen ebenfalls regellosen Antwort der Struktur notwendig.

Die erste Stufe zur statistischen Erfassung des Seegangs ist die Aufstellung einer Wellenstatistik anhand von Seegangsregistrierungen[2,3] (Abb. 16). Die Unregelmäßigkeit des Seegangs drückt sich in einem solchen Schrieb im Auftreten verschieden großer Wellenparameter, wie z. B. Wellenhöhe H, Wellenperiode T oder Wellenlänge L, aus. Der natürliche Seegang wurde in den fünfziger Jahren von *Pierson* in Anlehnung an die Theorie der regellosen Prozesse – wie sie ursprünglich von *Rice* für Fragen der Nachrichtentechnik entwickelt wurde – mit Hilfe des stochastischen Modells der Superposition von unendlich vielen harmonischen Wellen verschiedener Laufrichtung, Periode, kleiner Wellensteilheit und zufällig verteilter Phasenlage beschrieben. Dieses Modell ist, wie man beweisen kann, mit einem Gauß'schen Prozeß für die Zufallsfunktion der Erhebung der Wasseroberfläche identisch. Die Darstellung eines regellosen Vorgangs im Frequenzbereich führt zum Begriff der spektralen Leistungsdichte oder des Spektrums. Physikalisch gibt das Spektrum die Energie des Seegangs in Abhängigkeit von der Frequenz der Komponenten an. In Abb. 16 ist der charakteristische Verlauf der energiereicheren Windsee und der nach Aufhören der Windeinwirkung verbleibenden Dünung angegeben. Es läßt sich zeigen, daß für ein schmales Spektrum die Wellenhöhe nach einer wie im Bild dargestellten Rayleighverteilung ausfällt. Der Parameter dieser Rayleighverteilung ist der Wert m_0, der gleich der

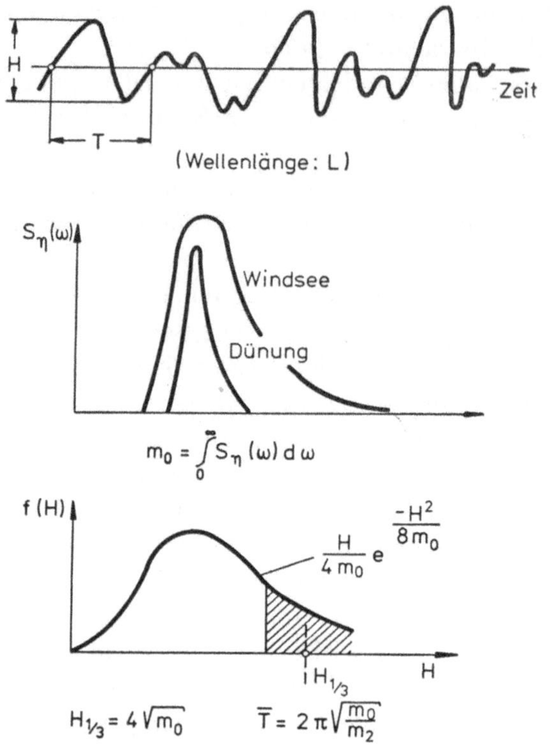

Abb. 16: Erfassung des Seegangs

Fläche unter dem Spektrum ist. Aus der Rayleighverteilung läßt sich der sogenannte signifikante oder 1/3-Wert ermitteln. Dieser Wert ist, wie in Abb. 16 unten angedeutet, die Schwerpunktabszisse des schraffierten rechten Bereichs der Rayleighverteilung mit der Wahrscheinlichkeitsmasse ein Drittel und entspricht im Falle der Registrierung von diskreten Werten dem Mittelwert der 30 größten von 100 nacheinander gemessenen Maxima. Der regellose Vorgang ist durch sein Spektrum eindeutig definiert. Der zugehörige Gauß'sche Prozeß mit dem Mittelwert 0 hat eine Varianz m_0. Die signifikante Wellenhöhe $(H_{1/3})$ und die signifikante oder mittlere Periode $(\overline{T})$ lassen sich aus dem nullten und zweiten Moment der Fläche unter dem Spektrum $(m_0$ und $m_2)$, wie in der Abb. 16 unten angegeben, berechnen.

Diesen theoretisch abgeleiteten Werten $H_{1/3}$ und $\overline{T}$ entsprechen aus der Seegangsregistrierung die meist visuell, d. h. optisch ermittelten Werte H_v und T_v. Da diese Größen über längere Zeiträume nicht konstant blei-

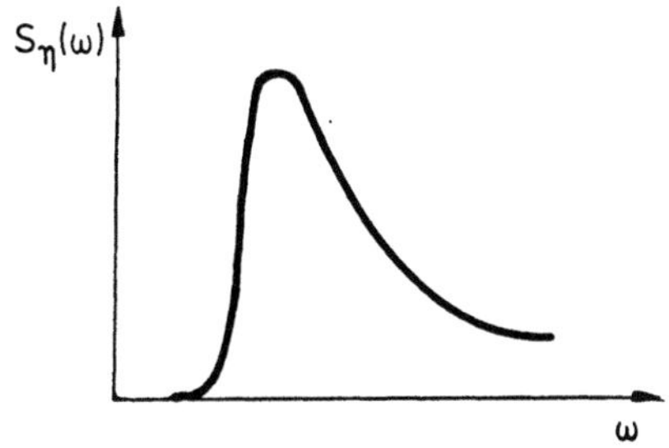

PIERSON-MOSKOWITZ-SPEKTRUM

$$S_\eta(\omega) = \frac{\alpha g^2}{\omega^5} e^{-\beta \left(\frac{g}{u\omega}\right)^4}$$

u: Windgeschwindigkeit
α,β: Konstanten
$\alpha = 8{,}1 \cdot 10^{-3}$
$\beta = 0{,}74$

ISSC-SPEKTRUM

$$S_\eta(\omega) = 171\, H_V^2\, T_V\, (T_V\, \omega)^{-5} e^{-685\,(T_V \omega)^4} \quad m^2 s\, rad^{-5}$$

H_V, T_V: visuell geschätzte Werte

Abb. 17: Seegangsspektren

ben, sind auch die statistischen Parameter des Vorgangs, wie m_0 und m_2, nicht zeitinvariant. Dadurch ist die Stationarität als grundlegende Voraussetzung der Theorie der regellosen Vorgänge über längere Zeiträume nicht mehr gegeben. Daher ist mit Hilfe der Spektraldarstellung nur eine Kurzzeitbeschreibung des Seegangs möglich. Gültig ist sie für Zeiträume in der Größenordnung von 20–30 min.

In Abb. 17 sind die zwei heute gebräuchlichsten Spektren angegeben, nämlich das Pierson-Moskowitz-Spektrum und das ISSC-Spektrum. In das zweite gehen die visuell ermittelten Werte *(H_v und T_v)* direkt ein, während sie im ersten nur implizit durch die Windgeschwindigkeit für die ausgereifte Windsee enthalten sind.

Der Vorteil der Beschreibung des Seegangs durch einen Gauß'schen Prozeß liegt nun darin, daß unter der Voraussetzung eines linearen bzw. linearisierten Verhaltens der Struktur die Antwort ebenfalls ein Gauß'scher Prozeß ist, dessen Spektrum sich aus der in Abb. 18 angegebenen

Beziehung ermitteln läßt. Dabei ist $Y(\omega)$ die Übertragungsfunktion, d. h. der Proportionalitätsfaktor zwischen Antwort und harmonischer Erregung, die als Übertragungsfunktion für die Energie im Quadrat eingeht. Antworten der Struktur können sein Kräfte, Spannungen und Bewegungen. Mit dieser Vorgehensweise ergibt sich die Möglichkeit, quantitative statistische Aussagen über das Kurzzeit-Verhalten der Struktur in natürlichem Seegang zu erhalten, d. h. die Wahrscheinlichkeit zu finden, mit der ein bestimmter Wert der Spannung oder der Be-

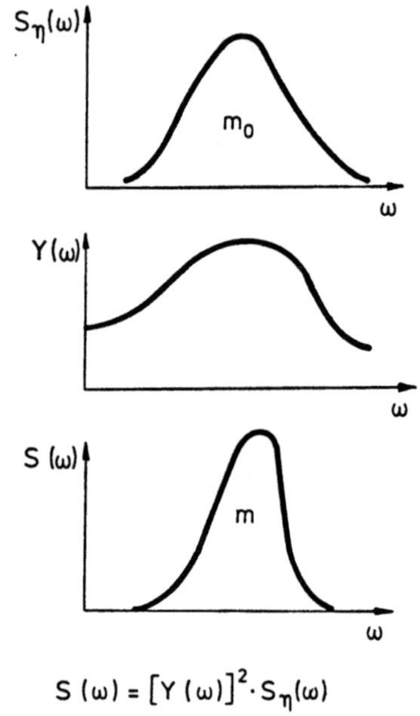

Abb. 18: Erregung – Übertragungsfunktion – Antwort

wegung überschritten wird. Sie entspricht z. B. im Falle der Wellenhöhe der Exponentialfunktion in der vorher gezeigten Rayleigh-Verteilung.

Da, wie schon erwähnt, der natürliche Seegang nur über kleine Zeiträume als stationär betrachtet werden kann, ist seine Erfassung über längere Zeiträume mit Hilfe der Spektraldarstellung nicht mehr möglich. Nach Auswertung einer großen Anzahl von Seegangsregistrierungen hat *Nordenstrøm*[4] gezeigt, daß die Wellenhöhen über längere Zeiträume nicht mehr nach einer Rayleigh-, sondern nach einer Weibull-Verteilung ausfallen. Mit Hilfe dieser Exponentialverteilung lassen sich statistische Aussagen über das Langzeitverhalten des Seegangs gewinnen.

In Abb. 19 ist die Langzeit-Überschreitungswahrscheinlichkeit für die

Wellenhöhe im Nordatlantik und in der Nordsee aufgetragen. Legt man eine mittlere Periode zugrunde, dann wird eine Interpretation in Form von Zeitangaben möglich. Ist diese Periode beispielsweise 8 sec, dann ergeben sich 100-Jahre-Wellenhöhen für den Nordatlantik von rd. 35 m und für die Nordsee von rd. 25 m.

Mit den gleichen Rechenmethoden wie für den Seegang lassen sich auch statistische Aussagen für den Ausfall der Antwort der Struktur in großen Zeiträumen gewinnen.

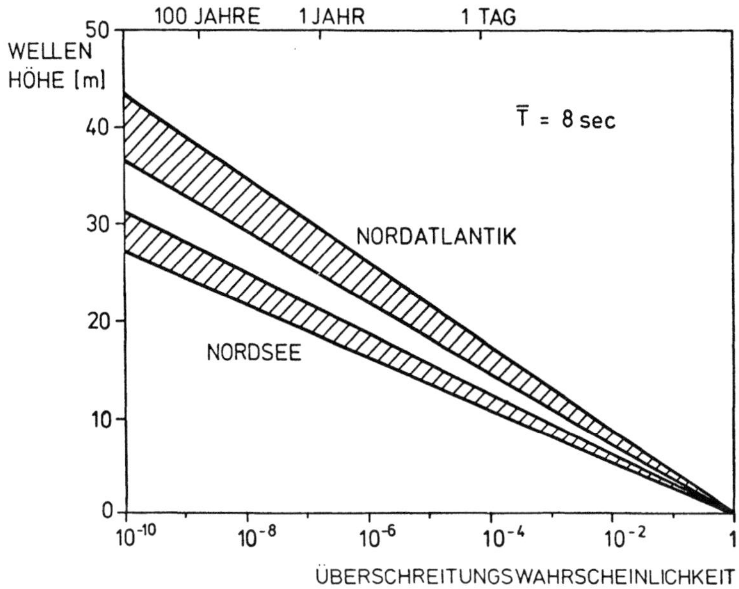

Abb. 19: Langzeit-Überschreitungswahrscheinlichkeit

Ähnlich wie beim Seegang werden auch zur Erfassung des Windfeldes über See und der Windkräfte nichtdeterministische Konzepte verwendet. Für den Mittelwert der Windgeschwindigkeit $\bar{u}$ in Abhängigkeit von der Höhe z legt man für praktische Berechnungen das 1/7-Potenzgesetz $\bar{u} = \bar{u}_{10}\left(\frac{z}{10}\right)^{1/7}$ zugrunde[5]. Dabei ist $\bar{u}_{10}$ die in der Anemometerhöhe 10 m gemessene Windgeschwindigkeit. Zur Bestimmung des Widerstandsbeiwertes für die Windkraftberechnung sind Messungen sowohl an Modellen als auch an Großausführungen erforderlich.

Verfahren zur Ermittlung von Kräften

Die den meerestechnischen Konstruktionen hinsichtlich ihres Einsatzes gestellten Anforderungen unterscheiden sich von denen des Schiffbaus grundsätzlich dadurch, daß sie das Verhalten des Körpers ohne Fortbewegung im Wasser berücksichtigen. So ist beispielsweise ein Halbtaucher derartig konzipiert, daß sein Bewegungsverhalten im Seegang die Bohrtätigkeit möglichst wenig beeinträchtigt, dafür wird aber eine geringere Mobilität gegenüber einem Schiff in Kauf genommen. Deshalb ist der vertikal eingetauchte Zylinder wegen der Richtungsunabhängigkeit der vom Seegang induzierten Kräfte und Momente das am häufigsten eingesetzte Grundbauelement meerestechnischer Konstruktionen.

Wie auch in den eingangs gezeigten Bildern erkennbar, finden Zylinder Verwendung als Beine sowohl fester Plattformen als auch von Hubinseln und Halbtauchern. Hydrodynamisch betrachtet sind diese Körper schmal, da ihr Durchmesser, in der Größenordnung von 5–10 m, klein ist im Vergleich zur Wellenlänge von einigen 100 m. Dies gilt allerdings nicht mehr für zylindrisch ausgebildete Erdölspeicher mit Durchmessern in der Größenordnung von 30–40 m. Diese unterschiedlichen relativen Abmessungen sind für die Wahl des Berechnungsverfahrens für die hydrodynamischen Kräfte maßgebend.

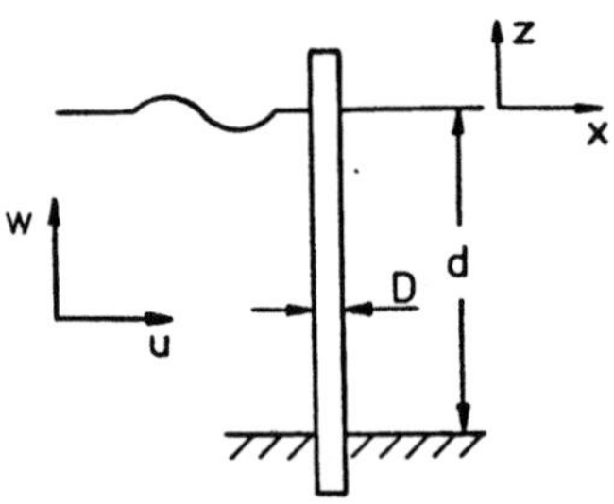

$$F = F_T + F_W$$

$$F_T = (m_v + m'')\frac{\delta u}{\delta t} = c_M \rho \nabla \frac{\delta u}{\delta t}$$

$$F_W = \frac{1}{2} c_D \rho A|u|u$$

$$F = c_M \rho \frac{\pi D^2}{4} \frac{\delta u}{\delta t} + \frac{1}{2} c_D \rho D|u|u$$

$$0{,}5 < c_M < 2{,}5$$

$$0{,}5 < c_W < 1{,}5$$

wobei nach der Airy'schen Wellentheorie gilt:

$$u = \frac{\pi H}{T} \frac{\cosh k(d+z)}{\sinh kd} \cos(kx - \omega t)$$

Abb. 20: Morison-Formel

Eine bei Dimensionierungsaufgaben verwendete halbempirische Beziehung zur Ermittlung der durch Wellen erzeugten Kräfte ist die in Abb. 20 angegebene *Morison*-Formel[6]. In diese ursprünglich für Pfähle entwickelte Beziehung gehen Trägheits- und Widerstandskräfte ein. Sie gilt, solange die Beugung (Diffraktion) der einfallenden Welle klein ist, d. h. bei einem im Vergleich zur Wellenlänge kleinen Durchmesser. Die auf einen in der Welle festgehaltenen Zylinder ausgeübte Kraft wird als Summe der zwei Komponenten F_T und F_W ausgedrückt. Die Kraft F_T beinhaltet neben der Massenträgheitskraft die der Orbitalbeschleunigung der Welle proportionale hydrodynamische Trägheitskraft. Rein rechnerisch kann man die Wirkung der hydrodynamischen Trägheitskraft als Erhöhung der wirklichen Masse durch die sog. hydrodynamische Masse erfassen. Durch Einführen des Trägheitskoeffizienten C_M wird die Trägheitskraft in der in Abb. 20 angegebenen Form formuliert. In der Widerstandskraft beinhaltet der Beiwert C_W den Form- und den Reibungswiderstand.

Die Gesamtkraft F pro Längeneinheit eines starren Zylinders vom Durchmesser D ist ebenfalls in Abb. 20 angegeben. Die in F eingehende Geschwindigkeit und Beschleunigung ist aus der in der Abb. unten angegebenen Formel zu entnehmen.

Die Schwierigkeit bei der Anwendung der *Morison*-Formel liegt in der Unsicherheit bei der Ermittlung der Koeffizienten C_M und C_W, die in Wirklichkeit nicht konstant sind, sondern von verschiedenen Faktoren beeinflußt werden[7]. Während der Koeffizient C_M von Frequenz der Erregung, Eintauchtiefe und Bodenabstand abhängt, ist C_W von Reynoldszahl und Rauhigkeit der Körperoberfläche abhängig. C_M und C_W werden in der Regel experimentell ermittelt, wobei allerdings eine sehr große Streuung auftritt, wie auch aus den in Abb. 20 angegebenen Bereichen $0{,}5 < C_M < 2{,}5$ und $0{,}5 < C_W < 1{,}5$ ersichtlich ist.

Die Wellenkräfte auf Zylinder mit im Vergleich zur Wellenlänge nicht mehr kleinen Abmessungen, wie bei den erwähnten Erdölspeichern, können mit Hilfe so einfacher Beziehungen wie der *Morison*-Formel nicht zuverlässig errechnet werden. In solchen Fällen müssen die mit der großen Deformation der ankommenden Welle verbundenen Schwereeffekte berücksichtigt werden. Die Berechnung vereinfacht sich aber insofern, als man zeigen kann, daß bei großen Zylindern die Widerstandskraft gegenüber der Trägheitskraft vernachlässigbar ist, so daß sich die Wellenkräfte in guter Näherung potentialtheoretisch unter Berücksichtigung der Trägheits- und Diffraktionseffekte errechnen lassen.

Das gesuchte Potential (Abb. 21) wird bei linearisierter Rechnung in der Form $\Phi = \Phi_W + \Phi_S$ ausgedrückt, wobei Φ_W das bekannte Potential der ungestörten Welle und Φ_S ein Störungspotential sind. Ist das Gesamtpotential bekannt, dann lassen sich die hydrodynamischen Kräfte bzw. Momente über den instationären Druck aus der im Bild angegebenen linearisierten Bernoulli-Gleichung errechnen. Die Lösung des Randwertproblems für die Umströmung eines zylindrischen Behälters läßt sich mit Hilfe der Zylinderfunktionen (Besselfunktionen) formulieren.

Die Diffraktionstheorie wurde schon 1954 von *MacCamy* und *Fuchs*[8] zur Berechnung der Wellenkraft und des Kragmoments auf einen stehenden Zylinder großen Durchmessers benutzt. Die nach diesem Verfahren errechnete Kraft in Wellenrichtung, die, wie vorher erwähnt, eine Trägheitskraft ist, läßt sich in einer der *Morison*-Formel äquivalenten Schreibweise darstellen[9] (Abb. 22). Man erhält somit einen modifizierten Trägheitskoeffizienten C_M, dessen Verlauf über dem dimensionslosen Parameter $\frac{kD}{2}$ in Abb. 22 angegeben ist. Dabei ist $k = \frac{2\pi}{L}$ die Wellenzahl und $\frac{D}{2}$ der Zylinderradius. Bis zu einem $\frac{kD}{2}$-Wert von 0,6 kann mit $C_M =$ 2,0 in guter Näherung gerechnet werden. Diesen Wert erhält man für einen senkrecht zu seiner Achse beschleunigt angeströmten langen Zylinder, bei dem die hydrodynamische Masse gleich der verdrängten Masse ist. Für $\frac{kD}{2}$ größer als 0,6, das entspricht einem Verhältnis von Durchmesser/Wellenlänge größer als ungefähr 1/5, bewirkt die Diffraktion der Welle eine erhebliche Verminderung von C_M.

Für schwimmende Behälter dieser Art sind ebenfalls Lösungen mit Hilfe der Diffraktionstheorie erzielt worden[10]. In Abb. 23 ist die Kräfteverteilung in horizontaler und vertikaler Richtung auf einen solchen Behälter angegeben. Der Bezugswert $B = \varrho g \pi a^2 \frac{H}{2}$ ist der hydrostatische Auftrieb für die Wellenhöhe $\frac{H}{2}$. Ausgehend von diesen Untersuchungen wurde von Dr. *Kokkinowrachos*[11] ein Verfahren zur Berechnung von Kräften und Momenten auf abgestufte, d. h. zusammengesetzte, schwimmende oder auf dem Meeresboden stehende Behälter entwickelt. Solche Behälter sind besonders für den Einsatz in Schlechtwettergebieten, wie der Nordsee, geeignet. Der schwimmende Behälter weist infolge der durch die Verkleinerung der Wasserlinienfläche bedingten Reduzierung der Rückstellkraft günstige Taucheigenschaften auf, während beim stehenden Behälter die Verringerung der Angriffsfläche in Oberflächennähe kleinere

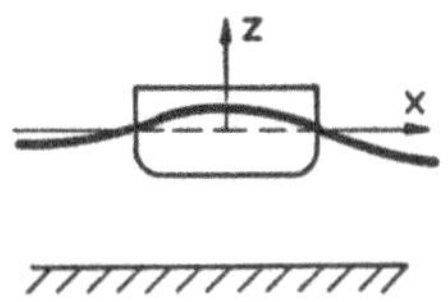

$\Phi = \Phi_W + \Phi_S$

Φ_W: Potential der ungestörten Welle

Φ_S: Störpotential

$$p = -\rho g z - \rho \frac{\delta \Phi}{\delta t}$$

$$p_{inst} = -\rho \frac{\delta \Phi}{\delta t}$$

$$F_j = -\iint_S p_{inst} \cdot n_j dS = \rho \iint_S \frac{\delta \Phi}{\delta t} n_j dS$$

S : benetzte Oberfläche

n_j: Richtungscosinus

Abb. 21: Potentialtheorie

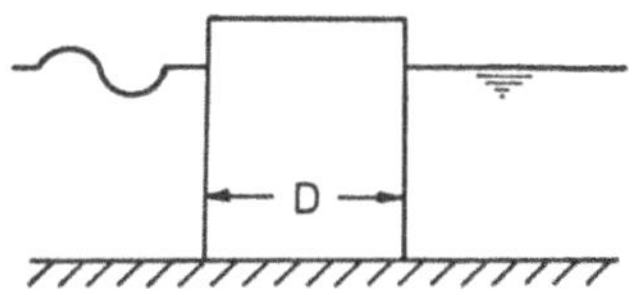

$$F = c_M \rho \frac{\pi D^2}{4} \frac{\delta u}{\delta t}$$

Abb. 22: Diffraktionstheorie

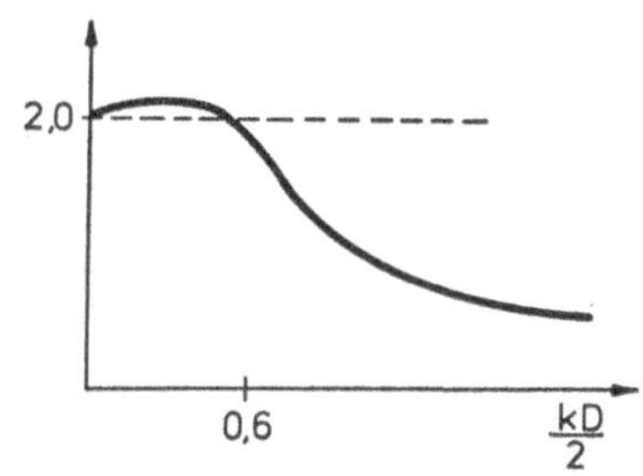

$k = \frac{2\pi}{L}$ (L : Wellenlänge)

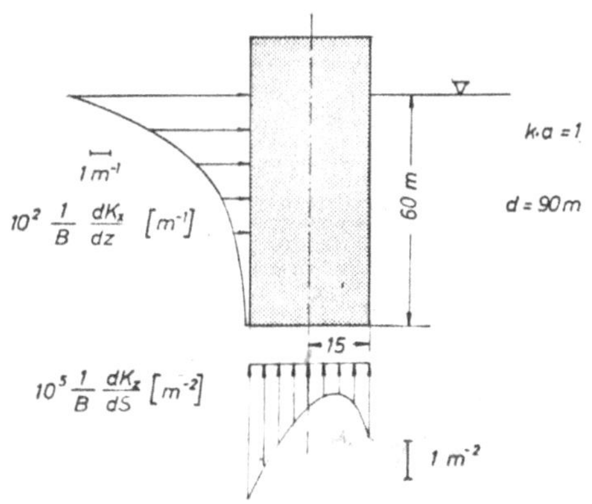

Abb. 23: Kräfteverteilung auf einen einfachen schwimmenden Zylinder

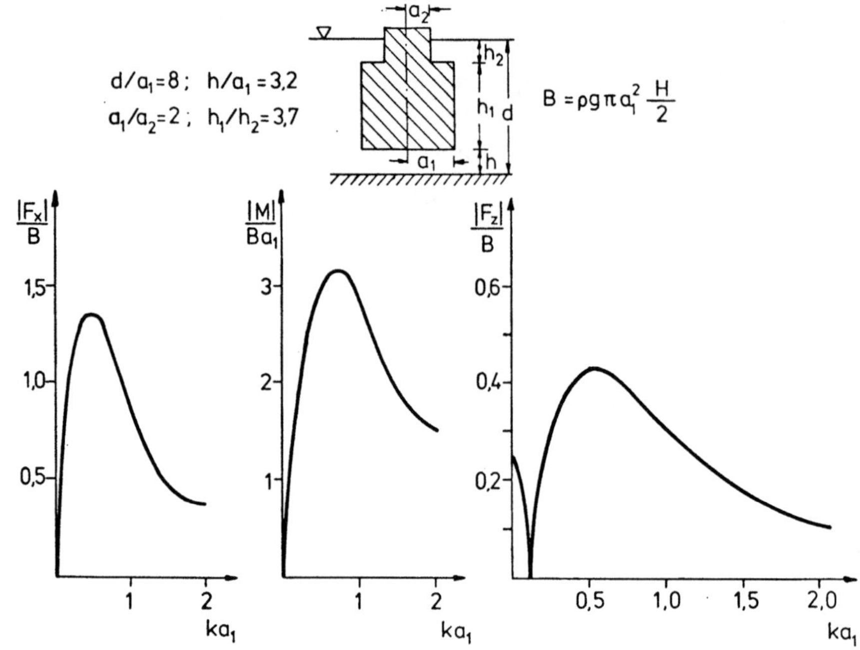

Abb. 24: Hydrodynamische Kräfte auf einen abgestuften Zylinder

Kräfte und Momente zur Folge hat. Auch die Windkräfte werden durch die Verkleinerung der Angriffsfläche geringer. In Abb. 24 sind die Amplituden der dimensionslosen Horizontal- und Vertikalkraft sowie des Momentes auf einen schwimmenden, abgestuften Zylinder in Abhängigkeit von ka_1 angegeben. Der Verlauf der Vertikalkraft ist charakteristisch für Schwimmkörper, bei denen große Teile des Verdrängungsvolumens weit unterhalb der Wasseroberfläche liegen. Bei solchen Konfigurationen, die nicht nur bei den hier betrachteten Speicherbehältern, sondern auch bei den Verdrängungskörpern von Halbtauchern vorkommen, wird die Wellenkraft in vertikaler Richtung bei bestimmten Frequenzen zu Null, ein Effekt, der bei Optimierungsbetrachtungen genutzt werden kann.

Die bisher erörterten hydrodynamischen Verfahren sind die Grundlage zur Aufstellung von Lastannahmen, die zur Festigkeitsberechnung und Dimensionierung von meerestechnischen Konstruktionen erforderlich sind.

Festigkeitsprobleme

Nachdem die äußere Belastung der Plattformen und Behälter ermittelt ist, kann ihr Spannungs- und Bewegungszustand berechnet werden. Die Festigkeitsberechnung meerestechnischer Strukturen erfolgt nach den gleichen Methoden wie sie schon in erster Linie im Stahlbau, Schiffs- und Flugzeugbau angewandt werden. Der komplizierte Aufbau dieser Bauwerke macht Idealisierungen erforderlich. Dabei müssen die Rechenmodelle der hochgradig statischen Unbestimmtheit und dem dreidimensionalen Charakter des Systems Rechnung tragen sowie die Möglichkeit einer weitgehend wirklichkeitsgetreuen Aufbringung der Lasten geben. Die Grundaufgabe ist hier die Erfassung der elastischen Antwort der Struktur auf eine harmonische Welle durch die Übertragungsfunktion der Spannungen.

Da die von einer harmonischen Welle induzierten Kräfte gegeneinander phasenverschoben sind, kann das Kräftegleichgewicht der Struktur nur mit den Momentanwerten der Belastung hergestellt werden, d. h. unter Berücksichtigung sowohl von Amplitude als auch Phasenlage. Die Gesamtzahl der möglichen momentanen Belastungsfälle ist so groß, daß wegen des großen Rechenaufwandes eine Beschränkung auf wenige, kritische Fälle erforderlich wird. Entsprechendes ist heute in der Schiffsstatik üblich, wo bei der Berechnung der Längsfestigkeit die Belastungsfälle „Schiff auf Wellenberg“ und „Schiff in Wellental“ untersucht werden. Weiterhin entstehen durch die Abhängigkeit der Antwort der Struktur von der Laufrichtung der Welle weitere Belastungsfälle, von denen auch nur die kritischen betrachtet werden können.

Die für Plattformen sinnvolle Idealisierung hängt vom speziellen Aufbau der Struktur ab und läßt sich nur allgemein beschreiben. Heute finden in erster Linie Verfahren Anwendung, die auf der Matrizenstatik beruhen und damit den vorteilhaften Einsatz von Rechenautomaten erlauben.

Um bei ortsfesten Plattformen und Hubinseln eine erste Abschätzung des Spannungs- und Deformationszustandes zu gewinnen, berechnet man sie als räumliche Fachwerk- oder Rahmentragwerke. Bei den mit Füßen oder Schwimmern versehenen Halbtauchern kann man, wie in Abb. 25 gezeigt, für die statische Berechnung ein Ersatzstabsystem mit biegesteifen Ecken bilden. Um die hydrodynamische Belastung möglichst wirklichkeitsgetreu zu erfassen, ist eine weitgehende Unterteilung in die einzelnen Bauelemente, wie sie in Abb. 26 dargestellt ist, notwendig.

Bei der Aufteilung der hydrodynamischen Kräfte auf die einzelnen

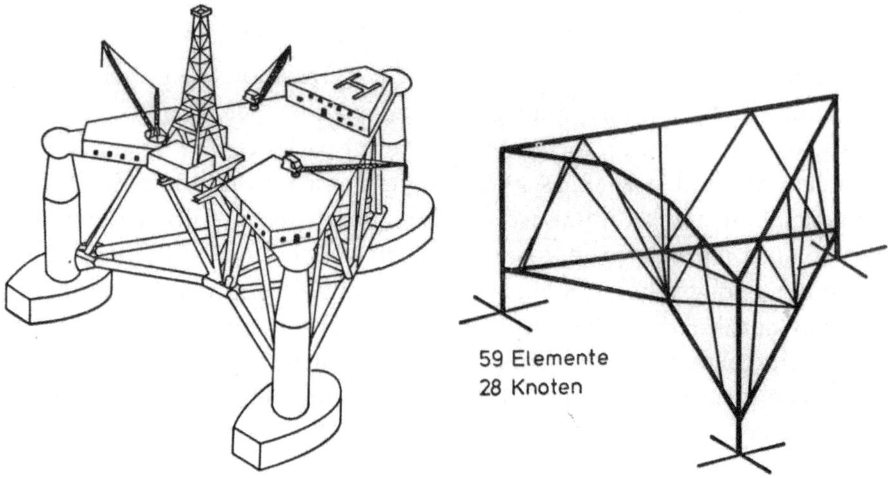

Abb. 25: Idealisierung eines Halbtauchers

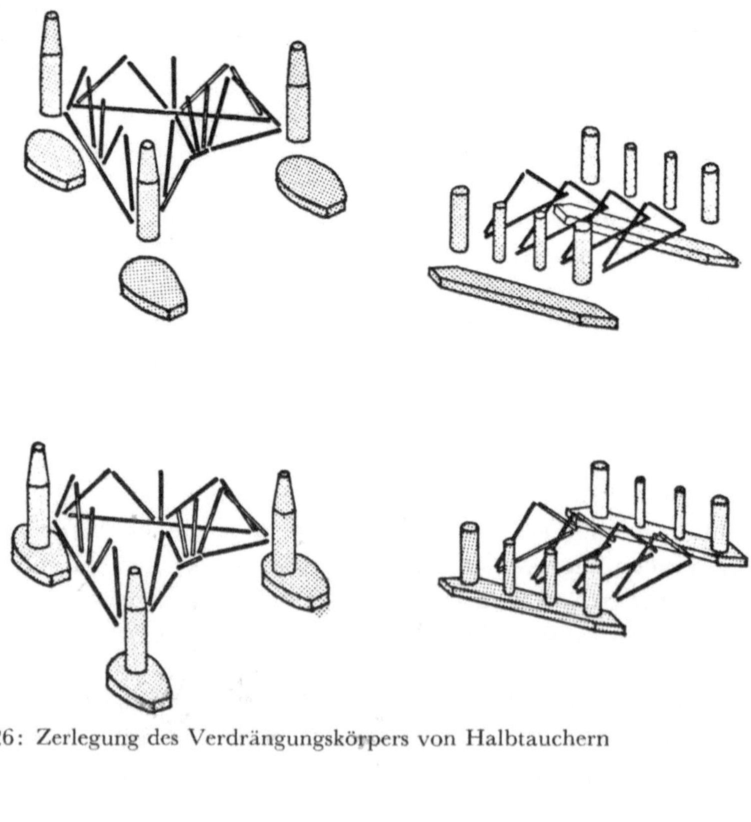

Abb. 26: Zerlegung des Verdrängungskörpers von Halbtauchern

Bauelemente wird die Interferenz zwischen diesen nicht berücksichtigt. Bei einem genaueren Verfahren werden die einzelnen Flutkörper und die Versteifungsrohre getrennt betrachtet.

Die Idealisierung mit biegesteifen Stabelementen führt zu einer ausreichenden Erfassung des Spannungszustandes der Gesamtstruktur, solange diese aus verhältnismäßig schlanken Rohren besteht, wie dies z. B. bei den meisten festen Plattformen der Fall ist.

Für nicht mehr schlanke Bauelemente, wie sie z. B. bei den zylindrischen Flutkörpern der Halbtaucher, vor allem aber bei Erdölspeichern auftreten, ist nicht nur eine genauere Erfassung der hydrodynamischen Belastung, sondern auch eine genauere Festigkeitsberechnung mit Hilfe der Schalentheorie erforderlich. Dies gilt auch für die Knotenpunkte von Rohren, die Abb. 27 zeigt, wo erhebliche Spannungserhöhungen auftreten, die vor allem hinsichtlich der Dauerfestigkeit kritisch sind[12].

Eine gesonderte statische Betrachtung ist für die Decksfläche von Plattformen notwendig. Auch hier kann zur Spannungsberechnung die Methode der finiten Elemente angewandt werden, obwohl solche orthotrope Platten schnell und zuverlässig auch nach der Theorie von *Huber* bzw. nach der Erweiterung von *Gienke*[13] berechnet werden können. In vielen Fällen, insbesondere bei Produktionsplattformen, bevorzugt man die Mehrdeckbauweise, um die Deckfläche und die stark von ihr abhängigen Herstellungskosten klein zu halten. Damit kann der Spannungszustand im Oberbau der Plattform mit einem aus orthotropen Platten bestehenden mehrzelligen Kastenträger mit Aussparungen berechnet werden, für den Berechnungsmethoden im Flugzeugbau entwickelt worden sind.

Neben der Spannungsrechnung ist der Nachweis der Beulsicherheit der Konstruktionselemente zu führen. Bei Halbtauchern sind die Beine besonders infolge der Querkräfte beulgefährdet; ihr Versagen kann vor allem wegen des geringen Stabilitätsumfanges derartiger Schwimmkörper zum Ausfall des Gesamtsystems führen. Auch bei Speicherbehältern mit ihrem großen Verhältnis Radius/Wandstärke muß die Beulsicherheit gewährleistet sein. Dagegen sind die relativ schlanken Beine fester Plattformen vorwiegend auf Knicksicherheit zu berechnen. Die kritische Stelle liegt am Meeresboden, da dort zu der Axiallast das maximale Biegemoment hinzukommt.

Das Beulen von Zylinderschalen unter einem in Längs- und Umfangsrichtung veränderlichen Manteldruck ist bisher kaum untersucht worden. Gewisse Ansätze sind durch Arbeiten von *Schiffner*[14] und *Schröder*[15] gegeben. Auch der Einsatz finiter Element-Methoden zur Klärung des Stabilitätsverhaltens erscheint erfolgversprechend.

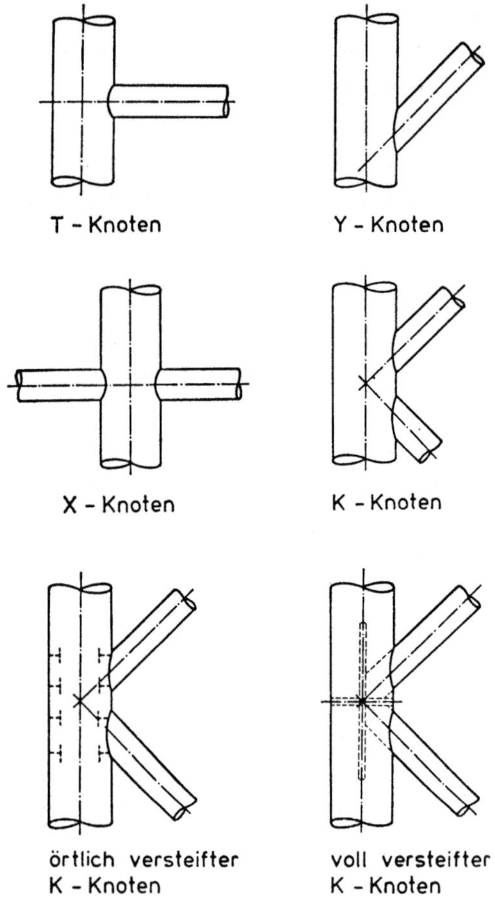

Abb. 27: Knoten einer Plattform

Die Bestimmung der Beanspruchung und Tragfähigkeit von Pfählen aus Stahl oder Stahlbeton bedarf einer besonderen Betrachtung. Die Pfähle ortsfester Plattformen erhalten senkrechte und waagerechte Kräfte durch das Eigengewicht und die Nutzlast des Decks sowie durch die Wind- und Wellenkräfte, die auf das Deck und die andere Plattformstruktur wirken. Außerdem ergeben sich durch waagerechte Kräfte und exzentrische Lasten auf dem Deck Biegemomente, die an den elastisch eingespannten Pfählen unterhalb des Meeresbodens ihr Maximum erreichen. Falls eine Gruppe von Pfählen vorliegt, die miteinander verbunden sind, ergeben sich zusätzlich axiale Pfahlkräfte, die vom Trägheitsmoment und den Abständen der Pfahlquerschnitte, bezogen auf den Schwerpunkt der Pfahlgruppe, abhängen. Die Belastung eines

Pfahles ist in Abb. 28 dargestellt. Die Federkonstanten C_1 bis C_n ergeben sich aus den Bettungsziffern des anstehenden Bodens. Der Verlauf des Biegemoments mit seinem unterhalb des Meeresbodens entstehenden Maximum sowie der von Scherkraft und Durchbiegung ist auf der rechten Seite des Bildes zu sehen.

Bei den ortsfesten Plattformen, die bis etwa 100 m Wassertiefe errichtet werden, ist es üblich – wenn sie nicht wie bei der eingangs gezeigten Forschungsplattform mit einer festen Fundamentplatte verbunden sind –, das an Land vorgefertigte Rohrgerüst der Plattform auf dem Meeresboden aufzustellen und seine vertikalen Rohrstützen als Führungsrohre für das Einrammen der Gründungspfähle zu benutzen, daher die Bezeichnung „template" (Lehre) Plattform. Die Errichtung des durch Leichter an Ort und Stelle gebrachten Rohrgerüstes („jacket") erfolgt durch Schwimmkräne, wobei das Aufrichten durch gesteuertes Fluten der als Ballastträger benutzten Rohrstützen erleichtert oder gar ersetzt werden kann. Die erforderliche Eindringtiefe der gerammten Gründungspfähle richtet sich nach Gewicht der Plattform und Bodenbeschaffenheit.

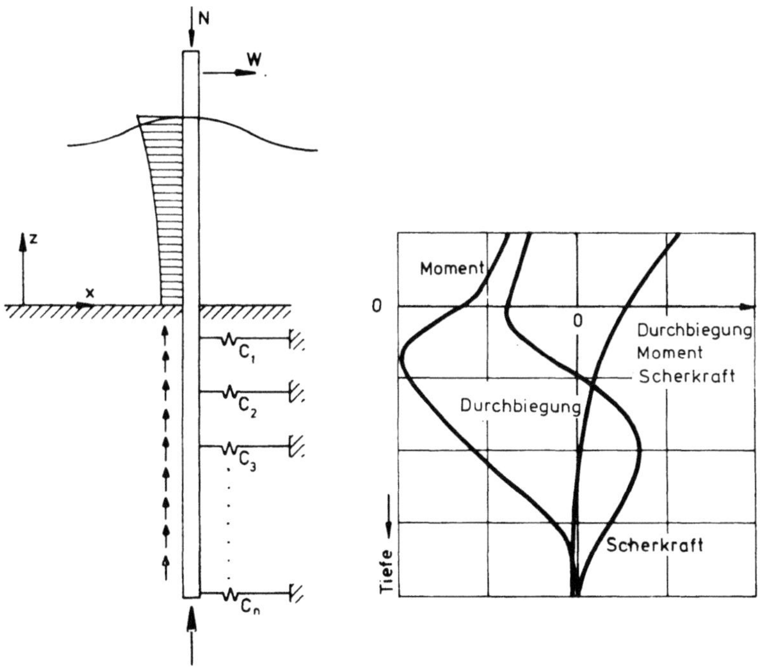

Abb. 28: Beanspruchung eines Pfahls

Die Tragfähigkeit eines Stahl- oder Stahlbetonpfahls bei axialer Belastung hängt von der Mantelreibung des Pfahles im Boden und dem ertragbaren Spitzendruck ab. Die durch Mantelreibung aufgenommene Längskraft wird durch die Adhäsion und die Umfangsfläche ($L \times U$) bestimmt, wobei die Adhäsion je nach Kompression des Tons oder Sandes der ein- bis dreifachen Scherfestigkeit entspricht. Um festzustellen, wie sich eine am Kopf des Pfahles eingeleitete Kraft auf Mantelreibung und Spitzendruck bei Stahlbetonpfählen von rd. 1000 cm^2 Querschnitt aufteilt, habe ich s. Zt. (1963) im Hamburger Hafen Versuche an zwei gerammten Pfählen in unterschiedlichem Boden durchgeführt[16]. Im Inneren der Pfähle waren auf eine Länge von 14 bzw. 18 m neun Betoninnenmeßgeräte angeordnet, und mit diesen wurde die vorhandene Spannung und damit auch die in den 9 Querschnitten übertragene Kraft gemessen. Das Ergebnis ist in Abb. 29 dargestellt. Man erkennt, daß bei dem vorhandenen Boden aus Sand und Klei am Fuß des 18 m langen Pfahles fast die ganze Kraft durch Mantelreibung aufgenommen wird und nur noch ein

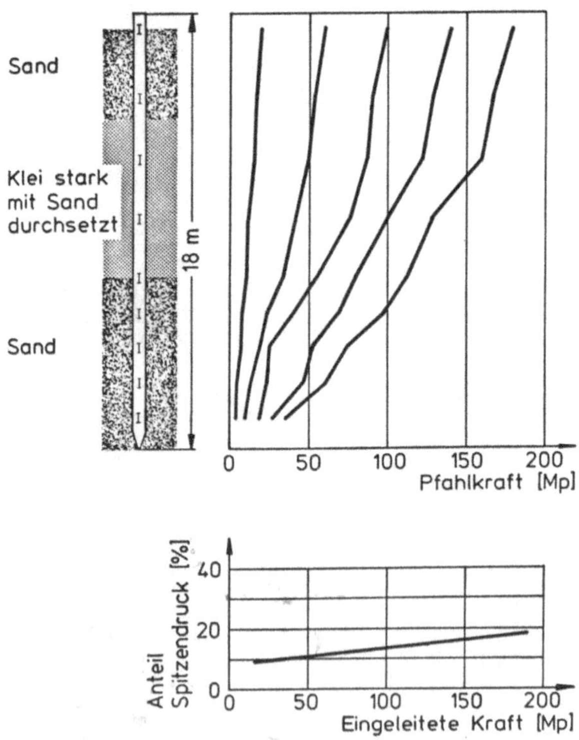

Abb. 29: Aufteilung der Traglast eines Pfahls

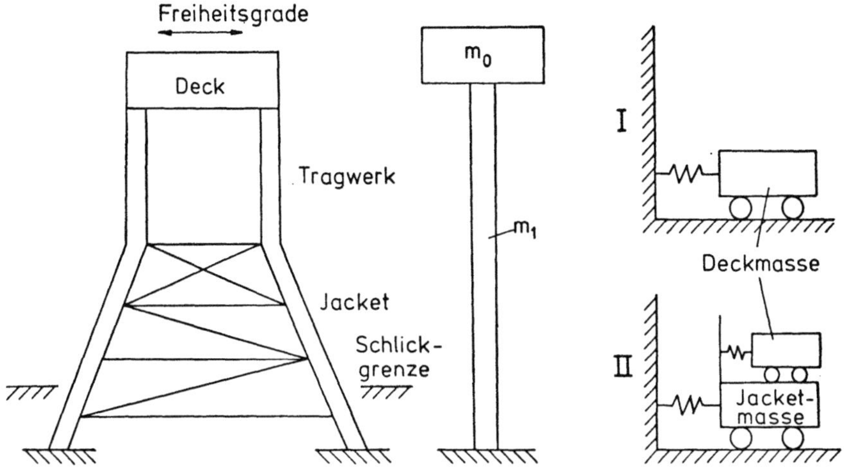

Abb. 30: Ersatzmodelle für feste Plattformen

geringer Spitzendruck von 10 bis 20 Prozent bei eingeleiteten Kräften zwischen 20 und 200 Mp übrigbleibt. Außerdem wurde der Kraftverlauf in Oszillogrammen bei wiederholten Rammschlägen bis 200 Mp gemessen. Diese Messungen geben einen Anhaltspunkt für die bei einer bestimmten Länge des Pfahls im Boden vorhandene Tragfähigkeit von gerammten Pfählen fester Plattformen und auch von in den Meeresboden gedrückten Beinen der Hubinseln. Dieses Eindrücken ist, wie eingangs erwähnt, bei Hubinseln mit mehr als drei Beinen durch Entlastung einzelner Beine möglich.

Die bisherigen Ausführungen bezogen sich auf die statische Festigkeit. Von besonderer Wichtigkeit sind jedoch bei meerestechnischen Konstruktionen die elastischen Schwingungen, die als Vibrationen, und die Bewegungen der schwimmenden Plattformen und Behälter, die als Oszillationen bezeichnet werden. Zunächst sollen die Vibrationen am Beispiel einer festen Plattform behandelt werden. Die erste Aufgabe besteht darin, Ersatzmodelle für die Schwingungsberechnung aufzustellen. Die zwei einfachsten Feder-Masse-Systeme sind in Abb. 30 für eine idealisierte Plattform dargestellt. Bei dem Einmassensystem I wird die Deckmasse m_0 mit einer das ganze Stahlgerüst ersetzenden Feder betrachtet, bei dem Zweimassensystem II wird die Masse m_1 des unteren Stahlgerüstes (jacket) einbezogen und mit einer eigenen Feder versehen. Diese grobe Betrachtung kann nur zu einem ersten Überschlag dienen. Zur Durchführung einer wirklichkeitsgetreuen Schwingungsrechnung ist ein kom-

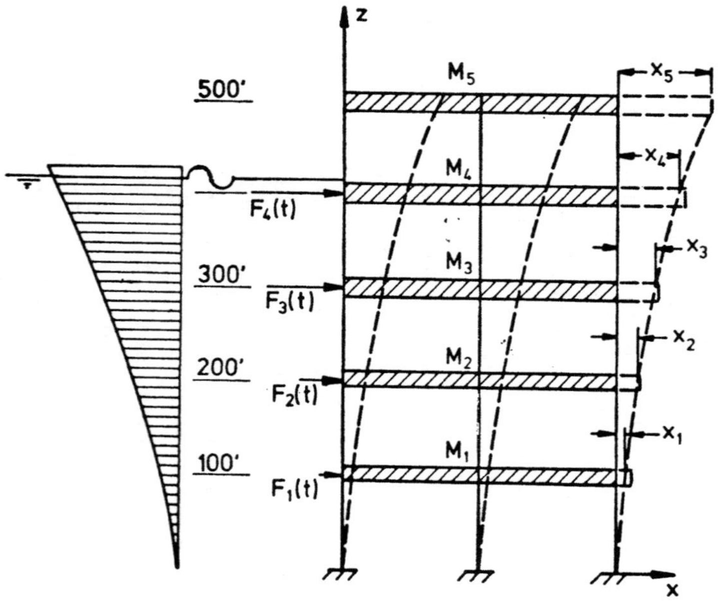

$$[M][\ddot{\Delta}] + [b][\dot{\Delta}] + [c][\Delta] = [F(t)]$$

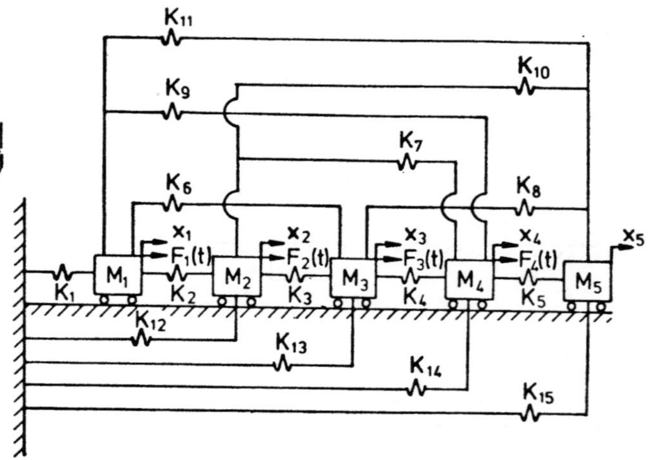

$K_1 = k_{11} + k_{12} + k_{13} + k_{14} + k_{15}$

$K_2 = -k_{12} \qquad K_3 = -k_{23}$

$K_4 = -k_{34} \qquad K_5 = -k_{45}$

$K_6 = -k_{13} \qquad K_7 = -k_{24}$

$K_8 = -k_{35} \qquad K_9 = -k_{14}$

$K_{10} = -k_{25} \qquad K_{11} = -k_{15}$

$K_{12} = k_{12} + k_{22} + k_{32} + k_{42} + k_{52}$

$K_{13} = k_{13} + k_{23} + k_{33} + k_{43} + k_{53}$

$K_{14} = k_{41} + k_{42} + k_{43} + k_{44} + k_{45}$

$K_{15} = k_{51} + k_{52} + k_{53} + k_{54} + k_{55}$

Abb. 31: Berechnungsmodell für Vibrationen

plizierteres Ersatzmodell nötig, wie es in Abb. 31 für die dort gezeigte idealisierte Plattform angegeben ist[17, 18]. Hierbei werden die Massen der einzelnen Elemente aufgeteilt und als Teilmassen an den Knoten konzentriert. Das elastische Verhalten der Elemente wird durch Federn K_i erfaßt, die sich aus Einflußzahlen k_{ij} der statischen Berechnung ergeben. Dies führt dann auf das im Bild oben dargestellte Federn-Masse-Modell, bei dem der kinematische Zusammenhang der Struktur erhalten ist. Die Einflußzahlen gehen in die linearen Bewegungsgleichungen ein, die im Bild unten in Matrizenschreibweise dargestellt sind. Hier bedeuten $[\Delta]$, $[\dot{\Delta}]$, $[\ddot{\Delta}]$ Verschiebung, Geschwindigkeit und Beschleunigung der Knoten, während $[M]$ die Massenmatrix, $[b]$ die Dämpfungsmatrix und $[c]$ die Steifigkeitsmatrix sind. Dabei ist in der Massenmatrix die sog. scheinbare Masse zu berücksichtigen, die sich aus der Körpermasse und der hydrodynamischen Masse (mitschwingende Wassermasse) additiv zusammensetzt. Für letztere ist bei Vibrationen der Grenzwert für sehr kleine Perioden, d. h. sehr große Frequenzen, anzunehmen. Die Dämpfungsmatrix $[b]$ beinhaltet sowohl die Werkstoffdämpfung als auch die an den Verbindungsstellen der Struktur entstehende Konstruktionsdämpfung.

In Abb. 32 ist der charakteristische Verlauf der ersten vier Schwingungsformen für die nach dem geschilderten Verfahren untersuchte, am Meeresboden fest eingespannte Plattform dargestellt. Man erkennt, daß die drei Oberschwingungen nur wenig zum Schwingungsausschlag beitragen und daß die Dämpfung nur bei der Grundschwingung von größerem Einfluß ist.

Anschließend möchte ich noch einiges Grundsätzliche zum Bewegungsverhalten schwimmender Plattformkonstruktionen sagen, das vor allem für deren Betrieb von Bedeutung ist. Betrachtet man einen Halbtaucher (Abb. 33) als einen starren Körper mit 6 Freiheitsgraden, dann läßt sich seine Bewegung im Seegang allgemein in Form eines Systems von 6 gekoppelten Differentialgleichungen erfassen. Dabei wird, wie im Bild angedeutet, die Numerierung 1–6 für die Bewegungskomponenten s_j verwendet. Auf der rechten Seite treten die Wellenkräfte bzw. Momente F_i auf. M_{ij}, m_{ij}^*, b_{ij} und c_{ij} sind Elemente von 6×6-Matrizen.

In der generalisierten Massenmatrix M_{ij} treten je nach Bewegungsart die Trägheitsmasse bzw. das Trägheitsmoment auf, entsprechendes gilt für die Matrix m_{ij}^* der hydrodynamischen Massen. In der Matrix b_{ij} soll bei Halbtauchern neben der Dämpfung infolge Wellenbildung auch die quadratische Dämpfung, und zwar in linearisierter Form, berücksichtigt werden. c_{ij} ist die Koeffizienten-Matrix der Rückstellkräfte. Bei Bewegungs-

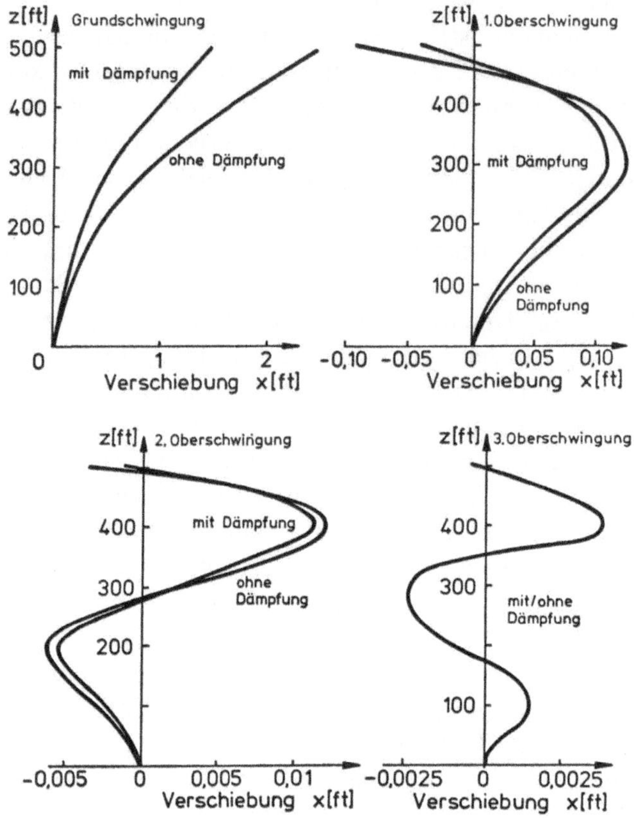

Abb. 32: Schwingungsformen

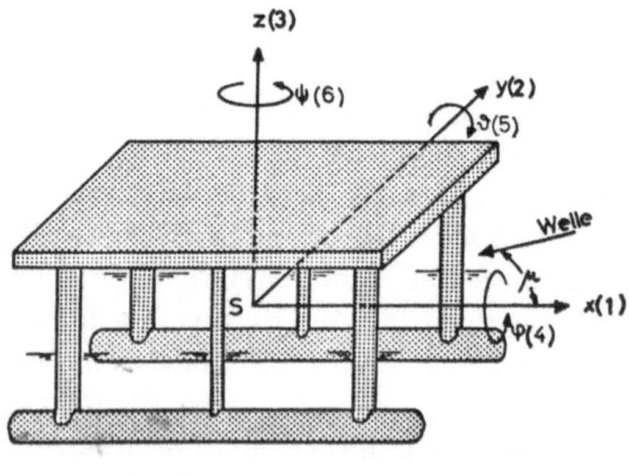

$$\sum_{j=1}^{6} \left[(M_{ij}+m^{x}_{ij})\ddot{s}_j + b_{ij}\dot{s}_j + c_{ij}\, s_j\right] = F_i(t) \qquad ij=1\ldots 6$$

Abb. 33: Bewegungsgleichungen

arten mit vertikaler Komponente (Tauchen, Rollen, Stampfen) tritt als Rückstellkraft eine der Bewegungskomponente proportionale Kraft auf. Der Einfluß des Verankerungssystems auf die Rückstellkräfte dieser Bewegungsarten ist in der Regel vernachlässigbar, bei Bewegungen in der Horizontalebene dagegen entstehen erst durch die Verankerung Rückstellkräfte, die allerdings nichtlinear von der Bewegungskomponente abhängig sind. Bei der Lösung dieser Bewegungsgleichungen treten die gleichen Schwierigkeiten auf wie beim Schwinger mit nichtlinearer Kennlinie. Ähnlich wie hier sind diese Differentialgleichungen nicht geschlossen, sondern nur iterativ oder mit Hilfe der Störungsrechnung zu lösen.

Als Lösung dieser Gleichungen ergeben sich die Übertragungsfunk-

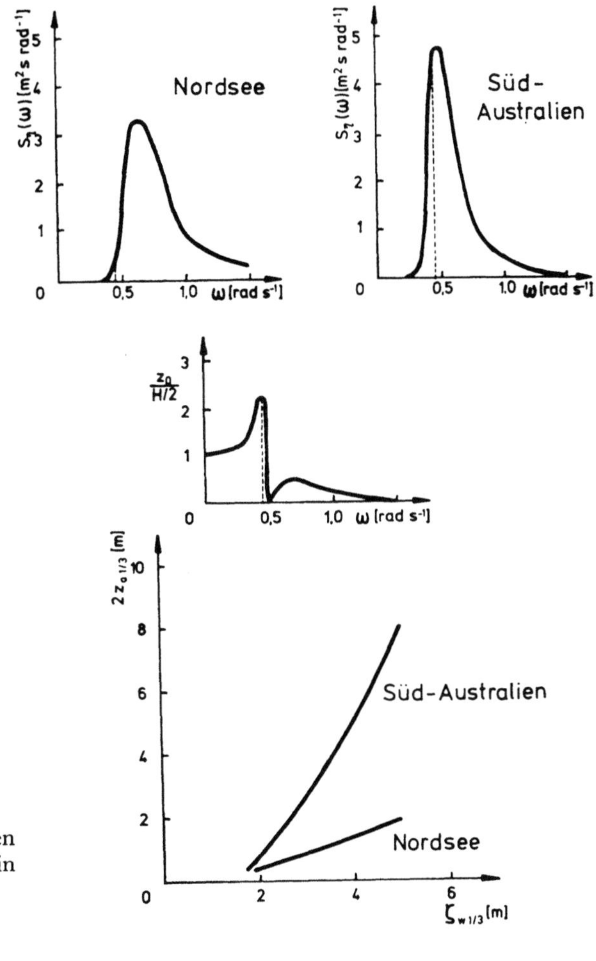

Abb. 34: Bewegungsverhalten von Halbtauchern in verschiedenen Regionen

tionen für die einzelnen Bewegungskomponenten. Unter Zugrundelegung eines für das jeweilige Seegebiet charakteristischen Spektrums kann man, nach der eingangs dargestellten Methode, aus diesem durch Multiplikation mit dem Quadrat der jeweiligen Übertragungsfunktion das Spektrum der Antworten erhalten. Damit ergibt sich die Möglichkeit, quantitativ statistische Aussagen über das Seegangsverhalten zu machen.

In Abb. 34 sind die signifikanten Werte der Tauchbewegung für einen bestimmten Halbtaucher in Abhängigkeit von der signifikanten Wellenhöhe für die Nordsee und Süd-Australien aufgetragen[19]. Zwei charakteristische Spektren für diese Seegebiete sowie die Übertragungsfunktion für das Tauchen des Halbtauchers sind im Bild angegeben. Während die Nordsee ein Gebiet mit vorwiegend kürzeren Wellen ist, sind in Süd-Australien die längeren Wellen dominierend. Dadurch konzentriert sich die Energie des Seegangs in der Nordsee im Bereich großer und in Süd-Australien in jenem kleiner Frequenzen.

Für die in der Mitte dargestellte Übertragungsfunktion für das Tauchen z eines bestimmten Halbtauchers bedeutet das, daß die bei $\omega = 0{,}5$ liegende Spitze bei dem Seegangsspektrum der Nordsee mit einer kleinen Ordinate zusammenfällt, während sie bei dem Seegangsspektrum für Süd-Australien fast in den Bereich der größten Ordinaten fällt. Die für die Nordsee brauchbare Plattform ist danach für Süd-Australien ungeeignet.

Im Anschluß an das Schwingungsverhalten der festen Plattform und des Halbtauchers möchte ich noch eine Schwingungserscheinung erwähnen, die beim Heben und Senken der Beine von Hubinseln auftreten kann. Die Eigenschwingungen der teilweise eingetauchten Beine kommen dabei in Resonanz mit Wellenkomponenten hoher Energie. Es entstehen dynamische Spannungen von solcher Höhe, daß die Plattform zu Bruch gehen kann. Das Problem ist insofern schwierig, als eine Kopplung zwischen den Plattformoszillationen, z. B. Tauchen, Stampfen, Rollen, und den Beinvibrationen stattfindet. Eine von St. Denis durchgeführte Untersuchung, mit Hilfe des Seegangsspektrums und den verschiedenen Übertragungsfunktionen zwischen Seegangsspektrum und Oszillationen einerseits sowie Vibrationen und Spannungsintensitäten andererseits, ergab ein Energiespektrum für den Spannungsverlauf in den Beinen, aus dem gefolgert werden konnte, daß bei bestimmten kritischen Längen der Beine starke Vibrationen, verursacht durch die Oszillationen, auftreten, die zum Bruch führen. Es ist ein Unfall mit Totalverlust einer Hubinsel aufgetreten, der auf den Schwingungsbruch eines Beines zurückzuführen ist.

Werkstoffprobleme

Die Auswahl des Werkstoffs ist von grundlegender Bedeutung für die Funktionsfähigkeit und Wirtschaftlichkeit einer meerestechnischen Konstruktion. Bei der Wahl des Werkstoffs wird zunächst hohe Festigkeit verlangt, die durch die üblichen Spannungsniveaus ausgedrückt wird, wie z. B. die 0,2%-Grenze und die mit dieser im Zusammenhang stehende Ermüdungsfestigkeit. Man kann Gütezahlen bestimmen, die nicht nur Festigkeitswerte, sondern auch weitere für die Konstruktion maßgebliche Werkstoffdaten berücksichtigen.

Eine der wichtigsten Größen ist die Zähigkeit des Werkstoffs, d. h. seine Fähigkeit, die Fortpflanzung von Rissen aufzuhalten. Mit Hilfe der Bruchmechanik ist es in den letzten Jahren gelungen, das Zähigkeitsverhalten qualitativ und quantitativ zu beurteilen. Dabei werden die Bedingungen hinsichtlich Spannung und Rißlänge erfaßt, bei denen ein Riß instabil wird und ein spontaner Bruch einsetzt. Gerade die Feststellung, daß mit wachsender Festigkeit des Werkstoffs seine Zähigkeit abnimmt, hat die Entwicklung spezieller Stähle mit sehr hoher Festigkeit zurückgedrängt. Auch die Schweißbarkeit ist eine weitere Eigenschaft, die bei der Werkstoffauswahl ins Gewicht fällt. Bekanntlich sind der Anwendung von höherfesten Stählen mit Streckgrenzen über 40 kp/mm^2 im Schiffbau mit Rücksicht auf ihre Schweißeignung gewisse Grenzen gesetzt.

Bei Konstruktionen für die Rohölgewinnung wurde bisher in der Regel nur Stahl eingesetzt. Gerade für Plattformen erscheint aber die Anwendung von Stahlbeton, besonders auch von Spannbeton, aus verschiedenen Gründen vielversprechend.

Besondere Aufmerksamkeit muß bei der Werkstoffauswahl den Fragen der Korrosion gewidmet werden. Hier kann nicht auf die physikalischen und chemischen Grundlagen der Korrosion eingegangen, sondern nur auf einige für den Konstrukteur besonders wichtige Erkenntnisse hingewiesen werden. Es ist seit langem bekannt, daß die Korrosionsgeschwindigkeit des Stahls im Meer- und Süßwasser in erster Linie durch deren Sauerstoffgehalt beeinflußt wird. Allerdings spielt eine Reihe von weiteren Faktoren eine große Rolle, insbesondere die Strömungsgeschwindigkeit, die Temperatur, der Salzgehalt, die Ablagerung von Meeresorganismen sowie die örtlichen Verunreinigungen des Wassers. Die Korrosionsgeschwindigkeit unlegierter Stähle im Meerwasser ist in Abb. 35 aufgetragen[20]. Das Bild beruht auf Messungen an Spundwänden und Pfählen und zeigt typische Werte für die Korrosionsgeschwindigkeit in $\mu m/Jahr$ in den verschiedenen Bereichen.

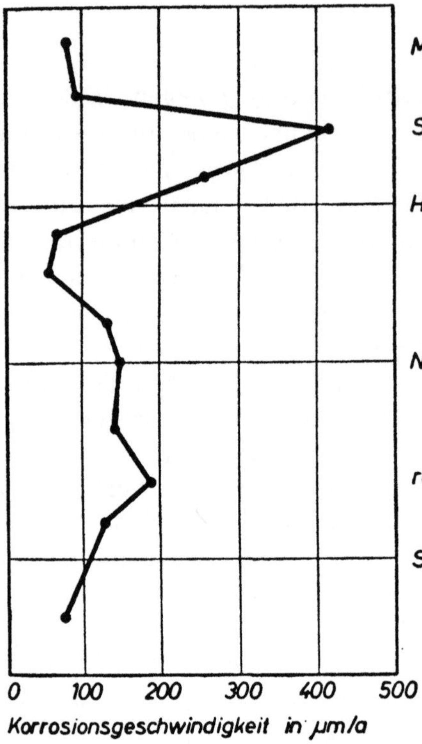

Abb. 35: Korrosion

Die Korrosion in der Spritzwasserzone ist auf Grund des hohen Sauerstoffgehalts des Spritzwassers besonders groß. Dies deckt sich auch mit der Erfahrung, daß Spundwände dicht oberhalb der Wasserlinie Löcher zeigen. Die Bekämpfung der Korrosion wird durch die Möglichkeit des Auftretens mehrerer Korrosionsarten, die sich zudem gegenseitig beeinflussen bzw. stark beschleunigen, schwierig. So zeigen nichtrostende Metalle (z. B. Cr-Ni-Stahl, Nickel-, Kupfer- und Ni-Cr-Eisenlegierungen) im ruhigen Meerwasser keine nennenswerte abtragende Korrosion, dafür aber starken Lochfraß, d. h. eine starke Korrosionsschädigung, die das Blech völlig durchdringen kann.

Ebenfalls die Möglichkeit des Auftretens von Spannungsrißkorrosion sollte beim Entwurf einer meerestechnischen Konstruktion berücksichtigt werden.

Die großen wirtschaftlichen Verluste durch Korrosion verlangen besondere Schutzmaßnahmen. Man unterscheidet zwischen dem aktiven und dem passiven Schutz. Während man mit den aktiven Verfahren versucht, die Angriffsfaktoren direkt abzuschwächen bzw. zu verändern, soll bei passiven Verfahren die direkte Berührung des Metalls mit den Korrosionsmedien vermieden werden. Zu den passiven Verfahren gehören u. a. die Methoden der Oberflächenbeschichtung mit organischen oder anorganischen Substanzen, von denen die ersteren, z. B. der Polyäthylen-Überzug, heute eine breite Anwendung finden.

Beschreibung von Ekofisk

Die bisher vorgeführten Plattformen und Behälter waren alle aus Stahl. Ein besonders bemerkenswertes Bauwerk aus Spannbeton ist der Meeres-Ölbehälter Ekofisk. Er wurde im vergangenen Jahr fertiggestellt und steht seit Ende vorigen Jahres auf dem 70 m tief unter dem Wasser liegenden Meeresboden[21]. Abmaße der äußeren Wellenbrecherwand sind aus Quer-

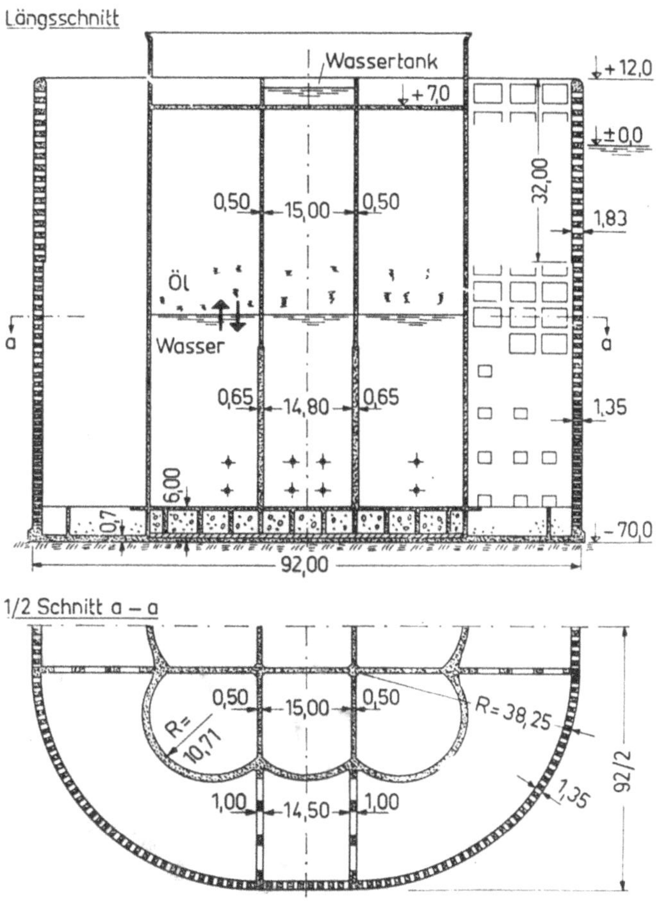

Abb. 36:
Schnitt des Ekofisk-Behälters

Abb. 37: Ekofisk-Behälter im Bau

Abb. 38: Perforierte Wand des Ekofisk-Behälters

Abb. 39: Druckkammer

schnitt und Grundriß der Abb. 36 zu ersehen: Größter Durchmesser 92 m, größte Höhe 82 m, Freibord 12 m. Im Innern des Troges steht ein neunzelliger Baukörper mit rd. 50 × 50 m Grundfläche, der gegen die Wellenbrecher-Wand durch 8 Scheiben abgestützt ist. Nach dem Absenken ruht der Behälter ohne zusätzliche Verankerung ausschließlich durch sein Eigengewicht von 215 000 t mit seiner Füllung von 160 000 m^3 Öl oder Wasser auf einer 6 m dicken Fundamentplatte, die als Zellenkonstruktion ausgebildet ist.

Die perforierte Wellenbrecherwand, die auf der Abb. 37 im schwimmenden Bauzustand von außen und in Abb. 38 von innen zusammen mit der Behälterwand und einer Stützwand zu sehen ist, hat den Zweck, die durch die Wellen erzeugte Belastung zu verringern. Trifft eine Welle auf eine durchlöcherte Wand, so wird nur ein Teil der Energie reflektiert, der Rest geht durch die Löcher, wo die potentielle Wellenenergie in kinetische Energie umgewandelt wird. Der Differentialdruck der Wellen wird wesentlich geringer, als wenn die Welle gegen eine Vollwand prallt. Aufgrund einer Energiebilanzrechnung wurde nachgewiesen, daß im Falle einer ebenen Wand 70% der gesamten Wellenenergie vernichtet werden. Außerdem entsteht im unteren Teil der Wand ein Rückfluß, der die Unterspülung am Fuß des Bauwerks verhindert. Es ist eine große Zahl von Versuchen durchgeführt worden, die die erwähnte Wirkung der perforierten Wand bestätigen. Auf weitere Einzelheiten kann ich im Rahmen dieses Vortrags nicht eingehen. Es gibt eine Reihe von ausführlichen Veröffentlichungen, z. B. eine deutsche im Jahrbuch 1973 des Deutschen Betonvereins und eine französische aus der Feder des Direktors der „Compagnie General Doris", dem ich auch den im Anschluß an den Vortrag vorgeführten Film verdanke.

Zum Schluß noch eine allgemeine Bemerkung. Es ist nach langen Bemühungen gelungen, im Rahmen der Fakultät für Maschinenbau der Technischen Hochschule Aachen eine Fachrichtung „Schiffs- und Meerestechnik" einzurichten, in der Herr Dr. *Kokkinowrachos* als Privatdozent die von mir vor fünf Jahren begonnene Vorlesung über Meerestechnik übernommen hat und heute über Systeme und Sondergebiete der Meerestechnik Vorlesungen hält, die von einer größeren Zahl von Hörern besucht werden. Es ist dadurch möglich, für die kommenden Jahre die für Forschung und Entwicklung meerestechnischer Projekte notwendigen Ingenieure auszubilden. Außerdem kann an der Technischen Hochschule Aachen nicht nur die Lehre, sondern auch die Forschung betrieben werden, da zu Lebzeiten unseres unvergeßlichen Leo Brandt für die Forschung in der Meerestechnik eine Druckkammer (Abb. 39) vom Landesamt für Forschung bewilligt wurde, in der Druckversuche bis zu 100 atü, d. h. bis 1000 m Wassertiefe, in Luft oder Wasser an Strukturen und Werkstoffen, aber auch Funktionsversuche an unter Wasser einzusetzenden Geräten, durchgeführt werden können. Einzelheiten sind in einer Veröffentlichung aus den Jahren 1970/71 in der Zeitschrift „Meerestechnik" des VDI-Verlags enthalten[22].

Bei der Abfassung dieses Vortrages wurde ich in dankenswerter Weise von Herrn Dipl.-Ing. *M. Grallert* unterstützt.

Literatur

1. The Petroleum Economist, London, 1974
2. *H. Ebner, K. Kokkinowrachos:* Konstruktions- und Werkstoffprobleme bei der Rohstoffgewinnung aus dem Meer. Erdöl-Erdgas-Zeitschrift/Maritime Rohstoffgewinnung, Heft 3/1973
3. *M. Grallert, K. Kokkinowrachos:* Probleme des Entwurfs und der Konstruktion von Plattformen. Meerestechnik Nr. 1 und 2/1973
4. *N. Nordenstrøm:* Methods for Predicting Long Term Distributions of Wave Loads and Probability of Failure of Ships. Part 1. Det Norske Veritas. Report No. 71–2 S. 1971
5. *A. C. Davenport:* The Application of Statistical Concepts of the Wind Loading of Structures. Proc. Inst. Civ. Engnrg. 19, 1961, Paper No 6480
6. *J. R. Morison, M. P. O'Brien, J. W. Johnson, S. A. Shaaf:* The Force Exerted by Surface Waves on Piles. Petroleum Transactions AIME. Vol. 189, 1950
7. *K. Kokkinowrachos:* Verfahren zur Erfassung und Beurteilung des Seeverhaltens meerestechnischer Konstruktionen. Symposium des STG-Fachausschusses Meerestechnik, Hamburg, Sept. 1974
8. *R. C. Mac Camy, R. A. Fuchs:* Wave Forces on Piles: A Diffraction Theory. Techn. Memorandum No. 69, Beach Erosion Board 1954
9. *J. P. Hooft:* Oscillatory Wave Force on Small Bodies. Intern. Shipbuilding Progress. April 1970
10. *C. J. R. Garrett:* Wave Forces on Circular Docks. Journal of Fluid Mechanics. Vol. 46, Part 1, 1971
11. *K. Kokkinowrachos:* Ein Beitrag zur Lastermittlung für zylindrische Erdölspeicher in Offshore-Gebieten. Habilitationsschrift TH Aachen 1974
12. *W. Visser:* On the Structural Design of tubular joints. Offshore Technology Conference, Houston, 1974, Paper OTC 2117
13. *E. Giencke:* Die Grundgleichungen für die orthotrope Platte mit exzentrischen Steifen. Der Stahlbau 1955
14. *K. Schiffner:* Untersuchung einer Zylinderschale unter abschnittsweise konstanter Druckbelastung mittels verschiedener Schalentheorien. ZfW Heft 7, 1970
15. *R. Schröder:* Das Beulverhalten querkraftbelasteter Kreiszylinder. DVL-Bericht 1973
16. *H. Ebner:* Dehnungsmessungen an Betonbauteilen. Vorträge Betontag 1963, S. 157, Deutscher Betonverein
17. *A. E. Mansour, D. N. Millmans:* Dynamic Random Analysis of Fixed Offshore Platforms. Offshore Technology Conference, Houston, 1974, Paper OTC 2049
18. *B. Pedersen, O. Egeland, J. N. Langfeldt:* Calculation of Long Term Values for Motions and Structural Response of Mobile Drilling Rigs. Offshore Technology Conference, Houston 1973, Paper OTC 1881

19. *H. L. Minkenberg, M. F. van Sluijs:* Motion Optimization of Semi-submersibles. Offshore Technology Conference, Houston, 1972, Paper OTC 1627
20. *A. H. Tuthill, C. M. Schillmoller:* Werkstoffe für Meeresanlagen. International Nickel, 1968
21. *P. J. Jensen:* Meeres-Ölbehälter Ekofisk. Vorträge Betontag 1973, S. 222, Deutscher Betonverein
22. *H. Ebner, K. Kokkinowrachos:* Simulationsversuche in Druckkammern. Meerestechnik Nr. 4 und Nr. 1, 1971

Summary

The production of mineral oil in the sea bed and its storage in situ has become an extremely important factor for the world's economy. The development of equipment necessary for such projects, in particular drilling platforms and large storage tanks, has become an important task for research scientists in all industrial countries. Such tasks include environmental investigations in the various regions and research into the most important of the ocean's phenomena, such as the wind, the motion of the sea, currents, the drift of ice etc. and the provision of the necessary means of producing a quantitative record of such phenomena.

First and foremost it is necessary to ascertain the forces to which typical marine structures are subjected by the wind and the motion of the sea, whereby the structures mainly affected are fixed and floating platforms and cylindrical storage tanks. Various construction methods are discussed, with illustrations of structures already in use. Stress and oscillation caused by static and dynamic forces, when the structures are exposed to the wind and the motion of the sea, are demonstrated. Various types of foundation available for platforms and tanks designed to stand on the sea bed are also discussed, whereby the bearing capacity of the latter is an extremely important factor. Details of suitable materials are given and reference is made to the problems which these materials entail when used for marine purposes. In conclusion, following a description of the Ekofisk oil storage tank, reference is made to further research and development problems which have yet to be faced.

Résumé

L'extraction de pétrole de la mer et son stockage sur place a revêtu une importance capitale pour l'économie mondiale. La mise au point des installations nécessaires à cet effet, tout particulièrement de plate-formes et de grands réservoirs, doit représenter un objectif essentiel de la recherche pratiquée dans les pays industrialisés. Ces travaux de recherche englobent la détermination des conditions environnantes dans les différentes régions, l'exploration des phénomènes océaniques essentiels, comme vent, état de la mer, courants, charriage des glaçons, ainsi que la mise à disposition de processus permettant la détection quantitative de ces phénomènes.

A cet effet, il y a lieu de définir en premier lieu les forces agissant sur les constructions marines techniques par suite du vent et de l'état de la mer, les plate-formes fixes et flottantes ainsi que les réservoirs cylindriques devant être placés au premier plan. Différentes méthodes de construction sont discutées et des constructions achevées sont montrées. Les états de tension et d'oscillation engendrés par les forces statiques et dynamiques sont traités et on parle aussi de la stabilité en cas de vent et en présence des différents états de la mer. On discute sur les différentes méthodes de fondation des plate-formes et réservoirs placés au fond de la mer, la capacité de support du fond de la mer jouant un rôle déterminant à cet effet. Quelques indications sont données sur le choix des matériaux et sur les problèmes entraînés lors de leur utilisation dans la mer. Après une description du réservoir à pétrole Ekofisk, l'attention est en dernier lieu attirée sur les tâches futures de recherche et de développement.

Diskussion

Herr Zerna: Eine vielleicht ganz triviale Frage: Wie ist die Definition von einem „Halbtaucher"?

Herr Ebner: Halbtaucher sind Plattformen, deren Deckflächen durch Rohrstützen (Beine) mit Schwimmern verbunden sind. In gleicher Weise wie Schwimmflugzeuge sind sie beim Einschwimmen zu den Bohrstellen den gleichen Beanspruchungen durch Wind und Seegang wie Zweischwimmerflugzeuge oder auch Katamaranschiffe ausgesetzt, die einmal infolge Querbelastung durch Windkräfte zum Kentern bzw. durch Resonanz mit den Wellenkräften zu gefährlichen Schwingbewegungen gebracht werden können.

An den Prospektions- bzw. Produktionsstellen werden dann die Halbtaucher durch Wasserballast abgesenkt, wobei die Absenkung im Anfang etwa der Hälfte der Konstruktionshöhe entspricht, daher der Name Halbtaucher. Die Absenkung richtet sich jedoch in erster Linie nach der am Ort vorhandenen Höhe der Wellen, die ja das Deck nicht erreichen sollen (entsprechend dem Freibord eines Schiffes).

Die Ausführungen für die Bewegungen (Oszillationen) von Halbtauchern bei Wind und Seegang stehen daher in enger Beziehung zu Untersuchungen, die im Anschluß an die klassischen Arbeiten von Froude und Kryloff in den dreißiger Jahren von Weinblum über die „Bewegung von Schiffen im Seegang" (s. Schiffbau Bd. 32, 1931 und VDI Bd. 78, 1934) bzw. von mir, auf diesen Arbeiten fußend, über „Gleichgewicht und Bewegung von Seeflugzeugen bei Wind und Seegang" (Jahrbuch 1940 der Deutschen Luftfahrtforschung) gemacht wurden.

In diesen Arbeiten begnügte man sich im wesentlichen mit den Annahmen einer Folge regelmäßiger Wellen und mit der Froude-Kryloff'schen Voraussetzung, daß die Welle durch den Schwimmkörper nicht gestört wird. Der Fortschritt, der heute durch neuere Arbeiten erzielt wurde, liegt darin, daß der unregelmäßige Seegang in der Form von Seegangsspektren statistisch erfaßt werden kann und daß die Störung der Druckverteilung in der Welle durch Körper größeren Umfangs mit Hilfe der Potentialtheorie analytisch bestimmt werden kann, wie es in der Habilitationsarbeit von Kokkinowrachos gezeigt wurde.

Herr Zerna: Sie sagten, feste Plattformen könnte man bei einer Meerestiefe bis zu 100 m anwenden, darüber ginge es nicht mehr. Wo liegt denn die Grenze?

Herr Ebner: Das ist eine rein wirtschaftliche Frage. Die Halbtaucher haben eben den Vorteil, daß man sie ohne Schwierigkeit an verschiedenen Stellen, z. B. für die Prospektion, einsetzen kann. Feste Plattformen und Hubinseln muß man, soweit bei ersteren überhaupt möglich, zur Verwendung an anderer Stelle vom Fundament bzw. vom Meeresgrund lösen.

Herr Zerna: Und die Halbtaucher werden irgendwie verankert?

Herr Ebner: Ja. Die Halbtaucher müssen ja zum Bohren in einer bestimmten Position bleiben, weil sonst, wenn sie zu weit ausschweifen, das Bohrgestänge bricht. Deshalb muß der Halbtaucher entweder so verankert werden, daß er in bestimmten Grenzen an der Stelle bleibt, oder er muß positioniert werden. Das heißt, durch elektronische Vorrichtungen werden Propeller in Bewegung gesetzt, die, wenn die Plattform ausschert, Gegenkräfte hervorrufen, die den Halbtaucher einigermaßen an der Stelle halten, ihn also „positionieren". So hält man auch Bohrschiffe an der Stelle, um zu große Schwankungen an der Oberfläche zu vermeiden, die das Bohren unmöglich machen würden.

Herr von Bogdandy: Ich habe eine Frage zu der Insel, die Sie zuletzt in Ihrem Film gezeigt haben. Nach den Abmessungen könnte man sich vorstellen, daß es möglich ist, ganz erhebliche Industrieanlagen auf diese Insel zu stellen. Da liegt es doch nahe – und ich wollte fragen, ob das schon einmal überlegt worden ist –, auf solchen Inseln Erdgasverarbeitungsanlagen zu errichten. Das Öl, das in der Nordsee gefördert wird, kann man mit Schiffen abtransportieren. Beim Erdgas hingegen ist das nicht so ohne weiteres möglich; da muß man kostspielige Rohrleitungen bauen, um das Gas nach England, in die Bundesrepublik, nach Dänemark oder wohin auch immer zu bringen. Daraus ergibt sich doch die Frage: Kann man nicht die Erdgasverarbeitung direkt auf diesen Inseln ansiedeln, indem man darauf Fabrikationsanlagen errichtet und dann nur noch das Produkt abtransportiert?

Herr Ebner: Das wären dann Plattformen mit größerer Deckfläche als die üblichen Produktionsplattformen in Offshore-Gebieten. Da die Baukosten stark mit der Deckfläche zunehmen, ist die Durchführbarkeit solcher Konzepte mit direkter Verarbeitung von Öl und Gas entscheidend von der Wirtschaftlichkeit abhängig.

Dabei spielen die Wassertiefe, die Entfernung vom Land und die großräumige Bodenmorphologie eine maßgebliche Rolle.

Projekte für eine Verarbeitung von Erdgas an Ort und Stelle befinden sich z. Z. in Japan und in den Niederlanden in Entwicklung.

Ich kann mir vorstellen, daß für bestimmte Lokationen in der Nordsee, insbesondere für das Frigg-Feld, das Projekt einer direkten Verarbeitung des Erdgases zumindest diskutabel wäre, zumal das Verlegen von Pipelines bis zum norwegischen Festland wegen des Nordsee-Tiefgrabens sehr kostspielig ist. Die Entscheidung hängt aber auf jeden Fall von der jeweiligen Situation ab.

Herr Winterhager: Es würde doch sicherlich auch interessant sein, etwas über die Kosten zu hören. Was hat die Insel insgesamt gekostet, und wie ist das Verhältnis der Förderungskosten bei, sagen wir einmal, durchschnittlichen Lagerungsverhältnissen auf dem Festland, verglichen mit einer solchen Plattform? Weiß man das?

Herr Ebner: Die Baukosten für den Ekofisk-Behälter lagen in der Größenordnung von 80 Mill. DM.

Herr Zerna: Sie haben im wesentlichen solche Plattformen behandelt, die auf einer Fachwerkkonstruktion beruhen. Es ist aber doch bekannt, daß die Franzosen auch solche feste Plattformen bauen, bei denen praktisch oberhalb der Gründungskammer mit einem Einfuß gearbeitet wird.

Herr Ebner: Ja, das ist z. B. eine Plattform, wie ich sie am Anfang zeigte, der Monopod in Alaska. Diese Insel hat nur einen Fuß mit einer Doppelschale.

Herr Zerna: Meine Frage dazu ist, ob der Einfuß nicht eine günstigere Konstruktion ist, auch im Hinblick auf die Korrosion. Hat man das schon einmal untersucht? Mir erscheint der Einfuß aus Stahlbeton oder Spannbeton zweckmäßiger als diese aufgelöste Stahlkonstruktion.

Herr Ebner: Hier ist ja überhaupt die grundlegende Frage, die auch bei anderen Bauwerken auftritt, die: Stahl oder Stahlbeton? Gerade der Vorspannbeton hat nun doch dazu geführt, daß man einige Plattformen in Vorspannbeton gebaut hat. Dabei gibt es noch das Problem, daß der Beton genügend dicht sein muß, damit die Bewehrungen, die man ja nicht sieht, nicht rosten können. Bei der Stahlkonstruktion sieht man wenigstens, wenn es anfängt zu rosten und kann etwas dagegen tun.

Herr Bornscheuer: Sie haben uns nichts über die Art der Schäden bei Unfällen gesagt. Nur in einem einzigen Fall erwähnten Sie überhaupt einen Schaden. Es ist natürlich außerordentlich interessant, wie diese Schäden waren. Waren es bei den Stahlkonstruktionen Überschreitungen der Festigkeit, waren es Instabilitäten, also Beulerscheinungen? Es scheint für die Festlegung von Belastungsrichtlinien für eine sichere Konstruktion wichtig, dieses auszuwerten.

Herr Ebner: Dazu möchte ich sagen, daß die auftretenden Schwingungen das Gefährliche sind. Viele Unfälle, die man registriert hat, sind Unfälle, die durch starke Vibrationen eingeleitet wurden, die dann zu hohen Spannungen führten. Gerade an den gezeigten Knoten treten sehr große Spannungserhöhungen auf, die dann zu Ermüdungsbrüchen führen können.

Herr Neuman: Es ist aber auch so, daß gleich große Unterwasserbehälter in Stahl erstellt worden sind, und zwar von der Chicago Bridge Co. Dabei ist die Verankerung mittels einer Vielzahl von Pfählen erfolgt.

Herr Ebner: Ja, das ist richtig. Die Frage Stahl oder Beton ist noch nicht ausdiskutiert. Diese Frage tritt bei Brücken ebenso auf. Im Augenblick ist der Stahl vorherrschend, und die meisten Plattformen, die ich gezeigt habe, sind Plattformen aus Stahl.

Es wundert mich eigentlich, daß hier nicht nach den Löchern in der Außenwand des Ekofisk-Behälters gefragt wurde. Durch diese Perforierung, und das ist erstaunlich, wird ein großer Anteil der Wellenenergie vernichtet. Ich glaube, Herr Domke, Sie können darauf hinweisen, daß diese Methode auch schon woanders angewendet worden ist.

Herr Domke: Im Zuge der Freimachung des Rheines von Brücken- und Schiffstrümmern habe ich 1947 zur Erleichterung der Taucherarbeiten eine Strömungsschutzwand entwickelt, die ähnliche Durchbrechungen hatte wie die der künstlichen Insel von Ekofisk. Hinter einer geschlossenen

Wand entstehen von den Rändern her sehr starke rückläufige Wirbel, die den ruhigen Arbeitsraum stark einschränken. Die Durchbrechungen hatten den Zweck, einen so starken Teil der Strömung durch die Wand durchzulassen, daß sie die rückläufige Wirbelströmung gerade kompensierten. Dieser Effekt trat bei einem Öffnungsanteil von 18 Prozent der Gesamtfläche ein und erweiterte dabei die Totwasserzone hinter der Wand um mehr als das 5fache.

Herr Bornscheuer: Ich möchte noch eine kleine Korrektur anbringen, Herr Ebner. Sie sagten, daß hochfeste Stähle wegen der Schweißung wohl nicht in Betracht kämen. Ich möchte dazu sagen, daß die Schweißung der hochfesten Stähle – wenn Sie zum Beispiel an Stähle bis zu 70 kp/mm^2 denken, was hier ja wohl in Frage käme – daran keinesfalls schuld ist; die Schweißung ist in Ordnung. Ich vermute, daß man bei der dynamischen Beanspruchung keinen Vorteil mehr hat, weil sich ja die hochfesten Stähle, nicht nur geschweißte, sondern auch im Grundwerkstoff, nicht besser verhalten als ein Stahl 37 oder ein Stahl 52. Das wird wohl der Grund sein. An der Schweißung liegt es nicht.

Herr Schneekluth: Die Frage, ob man zweckmäßigerweise Stahl oder Beton nimmt, ist nicht nur eine Frage der Wirtschaftlichkeit an sich und des Standes der Technik, sondern vor allen Dingen auch eine Frage der Verfügbarkeit an der Baustätte. Da diese ganzen Einrichtungen zunächst auf Werften gebaut wurden, war es sehr naheliegend, daß die Werften das Material nahmen, das sie gewöhnt waren. Die Dimensionen dieser meerestechnischen Bauwerke sind aber inzwischen so angewachsen, daß die normalen Werfteinrichtungen dafür nicht mehr hinreichen. So ist man nun gezwungen, besondere Docks, Hellinge oder andere Baustätten zu errichten, und jetzt erst entsteht die Frage: Welches Material verwendet man zweckmäßigerweise? Wenn man also bisher für schwimmende Behälter und auch für Plattformen vorwiegend Stahl gewählt hat, dann bedeutet dies nicht, daß dies nun unbedingt das technische Optimum sein muß.

Zu der Bemerkung von Herrn Bornscheuer darf ich noch folgendes sagen: Hier entsteht insofern eine besondere Schwierigkeit, als hier unter Betriebsbedingungen Wandstärken von 70 mm geschweißt werden müssen. Das geht im Laboratorium sehr schön, aber wenn es draußen auf der Werft gemacht werden muß, wurde bisher immer darüber geklagt, daß das zu Schwierigkeiten geführt hat.

Herr Kosfeld: Ich möchte fragen, ob das Verhältnis Lochquerschnitt zur Länge der entstehenden Röhren in dem Außenschirm unkritisch ist. Bei den auftretenden hohen Drücken können doch hohe Geschwindigkeiten in diesen Röhren entstehen, so daß eventuelle Kavitationserscheinungen Korrosion und somit Materialschäden hervorrufen, die unbeobachtet bleiben, aber doch sehr schwerwiegende Folgen haben können. Ist darüber etwas bekannt?

Herr Ebner: Sie meinen also, daß es hier ein Optimum geben müsse. In dem Film war ein Bild von einem Mann, der in einem solchen Loch saß. Daraus konnte man ersehen, wie groß die Löcher sind, nämlich immerhin etwa 1,50 bis 2 m. Man hat im Versuch verschiedene Lochdurchmesser untersucht und ein Optimum bei Ekofisk gewählt.

Probleme bei der Verwendung von Kunststoffen für tragende Konstruktionen

Von *Helmut Domke*, Aachen

Hans Ebner zu seinem 75. Geburtstag gewidmet

Einleitung

Begriff des tragenden Bauteils

Unter tragenden Bauteilen versteht der Bauingenieur solche, die ihr Eigengewicht und etwaige Nutzlasten zu bestimmten Auflagerpunkten hin abtragen können. Diese Festigkeit setzt eine ausreichende Formsteifigkeit und eine bestimmte Mindestfestigkeit voraus. Im Gegensatz dazu werden nichttragende Bauteile stetig unterstützt und benötigen damit solche Eigenschaften nicht.

Der Einsatz von nichttragenden Bauteilen aus Kunststoff ist sehr verbreitet und übersteigt den der tragenden bei weitem. Zu ihm gehören Dichtungen, Boden- und Wandbeläge usw. Zu den tragenden Bauteilen zählen dagegen Wände und Fassaden sowie vor allem Decken und Dächer. Ihnen gilt die folgende Betrachtung.

Der Vortrag gliedert sich in drei Abschnitte. Im ersten werden die wichtigsten Eigenschaften der Kunststoffe besprochen. Der zweite befaßt sich mit den konstruktiven Möglichkeiten, typische Schwächen des neuen Baustoffs auszugleichen. Der letzte Abschnitt schließlich beschäftigt sich mit den Möglichkeiten, die Standsicherheit und das Tragverhalten einer Kunststoffkonstruktion richtig vorauszuberechnen.

I. Werkstoffeigenschaften

1. *Begriff des Kunststoffs*

Kunststoffe sind makromolekulare Stoffe, die aus einfacheren, meist gleichartigen Grundbausteinen, den sogenannten Monomeren, durch Polymerisation oder Polykondensation entstehen. Die Monomere (Abb. 1) enthalten vorwiegend Kohlenstoff, Sauerstoff, Wasserstoff und Stickstoff. Es können aber auch andere Elemente, wie vor allem Halogene, in den Makromolekülen enthalten sein.

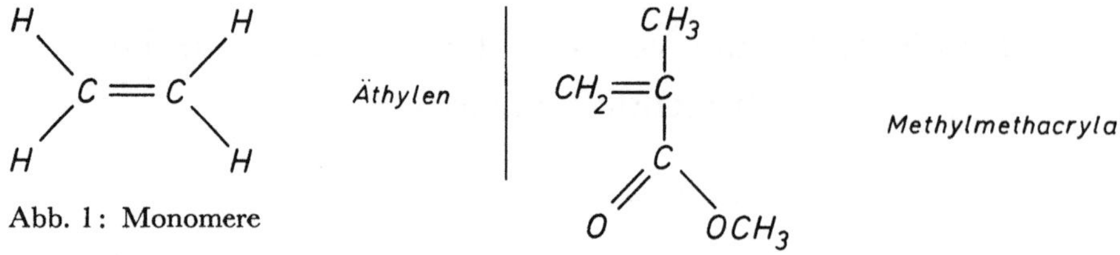

Abb. 1: Monomere

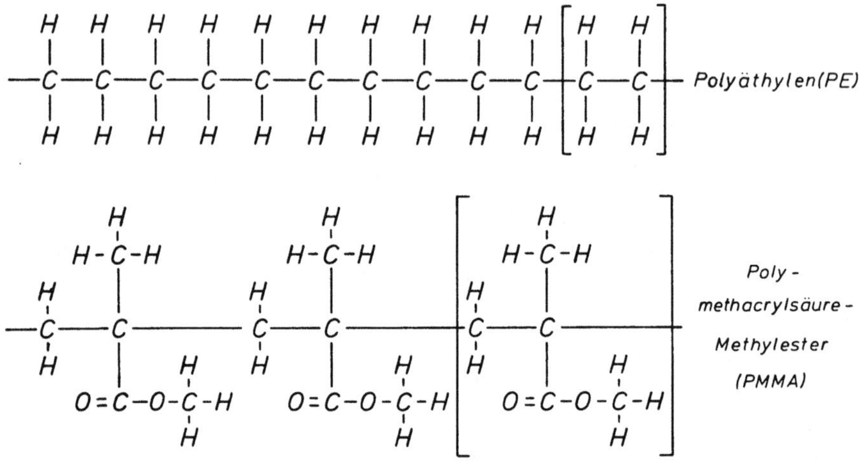

Abb. 2: Makromoleküle

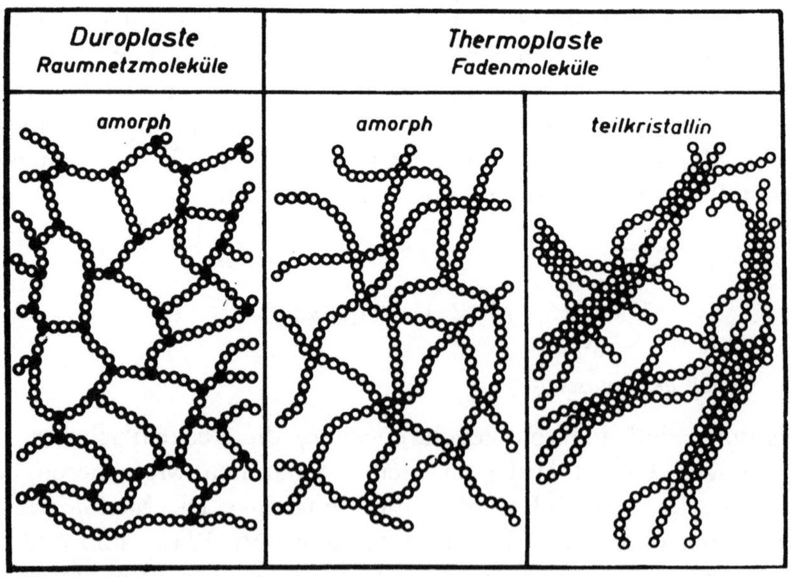

Abb. 2a: Struktur der Kunststoffe

Die grundsätzlichen Eigenschaften der so entstandenen neuen Werkstoffe hängen nicht so sehr vom jeweiligen Anteil der verschiedenen Elemente ab als vielmehr von ihrer Struktur, d. h. der Zahl und Anordnung der Monomerbausteine (Abb. 2).

Von weiterer Bedeutung für das Verhalten eines Kunststoffes ist es, wie die einzelnen Makromoleküle im Verhältnis zueinander angeordnet sind (Abb. 2a). Hier ist zu unterscheiden zwischen:

1. regellos ineinander verschlungenen Molekülfäden (amorph)
2. teilweise parallel gerichteten Molekülfäden (teilkristallin)
3. durch chemische Valenzkräfte netzartig miteinander verbundenen Molekülen (vernetzt)

2. *Kunststoffarten*

Für die technische Anwendung lassen sich die Kunststoffe von ihren physikalisch-mechanischen Eigenschaften her in folgende Gruppen einteilen:

1. Thermoplaste
   Hierbei handelt es sich um zunächst feste Kunststoffe, die durch Erhitzung verflüssigt werden können und bei Abkühlung in den ursprünglich festen Zustand ohne Veränderung ihrer Eigenschaften zurückgehen.

   Zu ihnen gehören:

PVC	Polyvinylchlorid
PMMA	Polymethylmethacrylat (Acrylglas)
PC	Polycarbonat

2. Duromere
   Diese Kunststoffart entsteht aus flüssigen oder verflüssigbaren Vorprodukten, die miteinander vereinigt einen Aushärtungsprozeß durchlaufen. Hierbei entstehen eng miteinander vernetzte Großmoleküle. Im Gegensatz zu den Thermoplasten wird die Struktur der Duromere durch Erhitzen zerstört.

   Zu ihnen gehören:

UP	Ungesättigtes Polyesterharz
EP	Epoxidharz
PUR	Polyurethan (Schäume)

3. Elastomere
   Der Aufbau der Elastomere ähnelt denen der Duromere. Sie sind jedoch erheblich weitmaschiger vernetzt und verhalten sich daher in weiten Temperaturbereichen gummielastisch.

3. *Anreiz zur Verwendung von Kunststoffen*

Der Anreiz zur Verwendung von Kunststoffen im Bauwesen liegt in ihrer weiten Anpassungsfähigkeit an die jeweiligen Notwendigkeiten, an teilweise neuartigen Eigenschaften, an der nahezu beliebigen Formgebungsmöglichkeit und nicht zuletzt in einer relativen Preiswürdigkeit.

4. *Eigenschaften*

Wie jeder Baustoff zeigen auch die Kunststoffe neben ihren positiven Eigenschaften einige unerwünschte, negative Merkmale. Es ist daher die erste Aufgabe des Ingenieurs, Verwendungsmöglichkeiten für die neuen Baustoffe zu ersinnen, bei denen deren Vorzüge voll zur Geltung kommen, die Nachteile jedoch ohne störenden Einfluß bleiben. Wo dies nicht möglich ist, müssen konstruktive Mittel eingesetzt werden, um nachteilige Wirkungen zu kompensieren.

4.1 Vorzüge

4.1.1 Relativ geringes Raumgewicht, das sich zudem durch beliebige Erhöhung des Luftporengehaltes in weiten Grenzen variieren läßt (Abb. 3 und 4)
4.1.2 Ergiebigkeit = Festigkeit, bezogen auf das jeweilige Raumgewicht (Reißlänge) (Abb. 5)
4.1.3 Durchscheinend bis durchsichtig
4.1.4 Gut wärmedämmend, ein Effekt, der sich durch Erhöhung des Luftporengehaltes zu den höchsten technisch heute überhaupt erreichbaren Werten steigern läßt
4.1.5 Je nach Aufbau fäulnis- und verrottungssicher sowie säure- und laugenfest
4.1.6 Je nach Struktur wasser- und bis zu einem gewissen Grade gasdicht
4.1.7 Nahezu beliebig formbar

Abb. 3: Tragen eines Wandelementes

Abb. 4: Tragen eines großen Schaumstoffkörpers

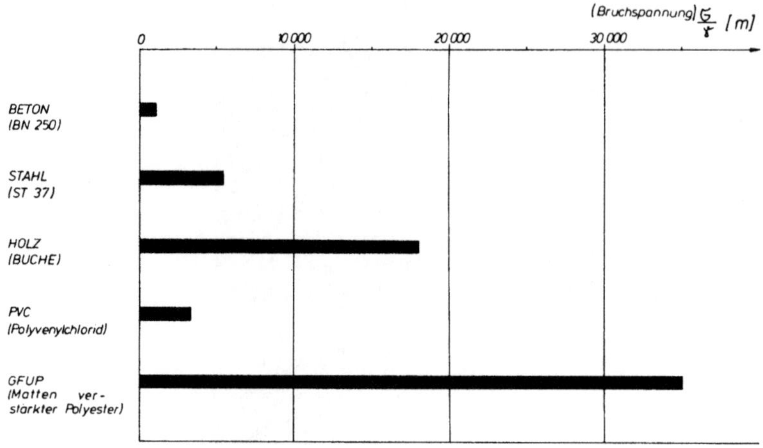

Abb. 5: Verhältnis σ/γ (Reißlänge)

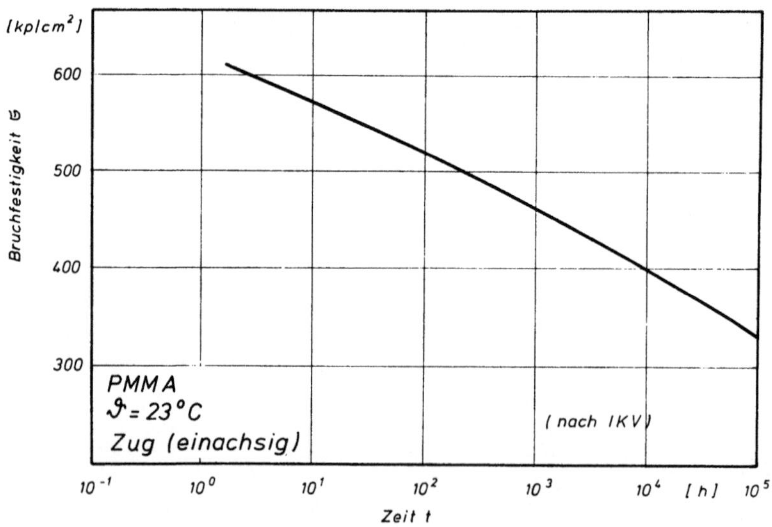

Abb. 6: Festigkeitsabnahme

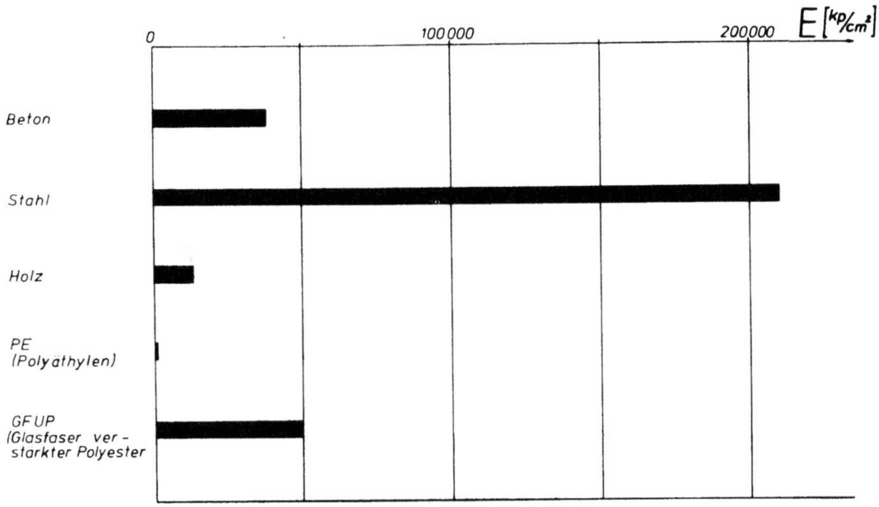

Abb. 7: E-Modul

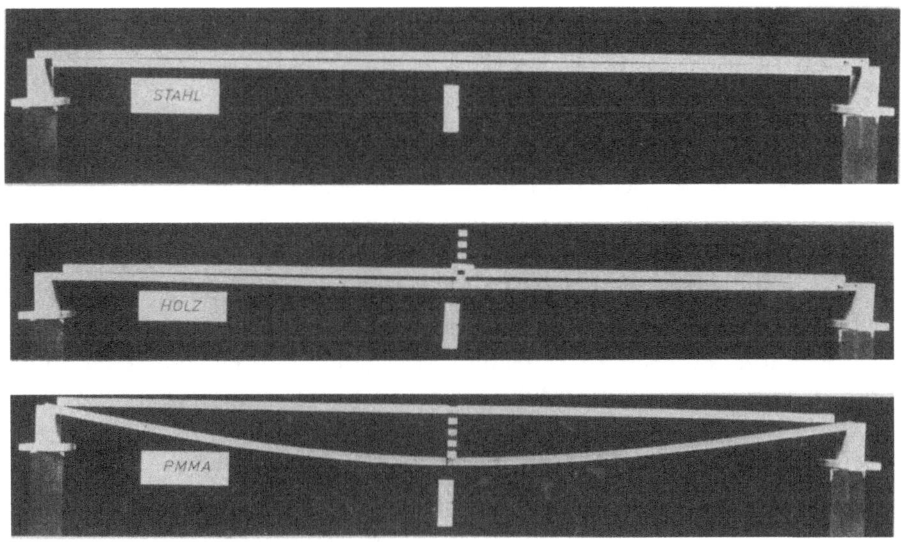

Abb. 8: Tragverhalten von Stahl, Holz und PMMA gleichen Querschnitts

4.2 Nachteile

4.2.1 Festigkeitsabnahme mit der Zeit unter ständiger Beanspruchung (Abb. 6)
4.2.2 Hohe elastische Verformung (kleiner E-Modul) (Abb. 7 und 8)
4.2.3 Zusätzliche große Kriechverformungen unter Dauerlast (Abb. 9 und 10)
4.2.4 Hoher Wärmeausdehnungskoeffizient (Abb. 11)
4.2.5 Festigkeitsabnahme mit höheren Temperaturen (Abb. 12)
4.2.6 Unzureichender Feuerwiderstand (Abb. 13)
4.2.7 Verbesserung der Eigenschaften durch Glasfaserverstärkung (Abb. 14)
Unzureichender oder fehlender Fließbereich (Abb. 15)
4.2.8 Starke Schrumpfungen während des Aushärtungsprozesses 7–8% (Abb. 16)
4.2.9 Sehr empfindlich gegen Herstellungsungenauigkeiten (Abb. 17)

II. Konstruktive Maßnahmen

1. *Ausgleich von Baustoffschwächen*

Im folgenden möchte ich beispielhaft nur *die* konstruktiven Möglichkeiten behandeln, mit denen zu großer Formänderung einer Kunststoff-Konstruktion entgegengewirkt werden kann. Dabei sollen Grundlagen und Grenzen dieser Möglichkeiten kurz dargestellt werden.

Als erstes bieten sich hierzu die Erkenntnisse an, die aus anderen Gründen bei der Entwicklung weitgespannter Brücken und im Flugzeugbau gewonnen wurden. In beiden Fällen handelt es sich darum, das Eigengewicht zugunsten der möglichen Nutzlast so klein wie möglich zu halten. Das war nur dadurch zu erreichen, daß jeder Bauteil und jeder Querschnitt hinsichtlich seiner Festigkeit möglichst vollständig ausgenutzt wird.

Diese Forderung ist besonders schwer zu erfüllen bei einem auf Biegung beanspruchten Tragwerk, bei dem die eine Querschnittshälfte auf Druck und die andere auf Zug beansprucht wird, weil die Biegebeanspruchung in der Schwerachse des Querschnittes zu Null wird (Abb. 18). Das bedeutet beispielsweise für einen Rechteckquerschnitt, daß die vorhandene Festigkeit nur zur Hälfte ausgenutzt werden kann.

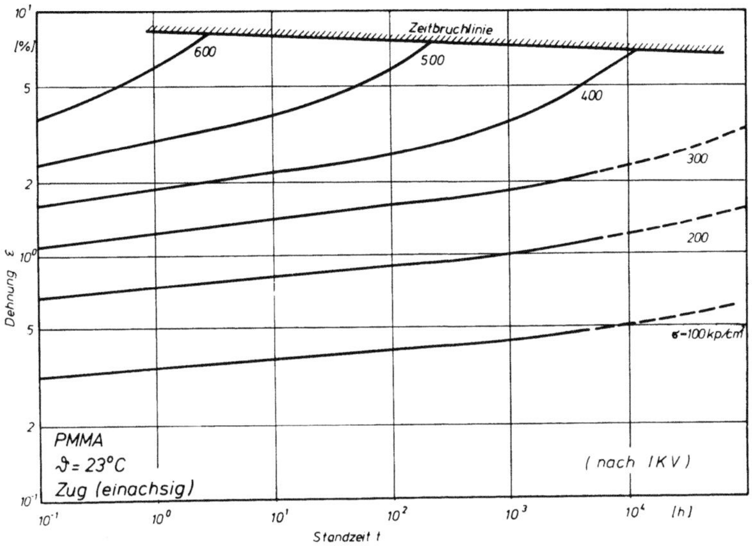

Abb. 9: Kriechverformung

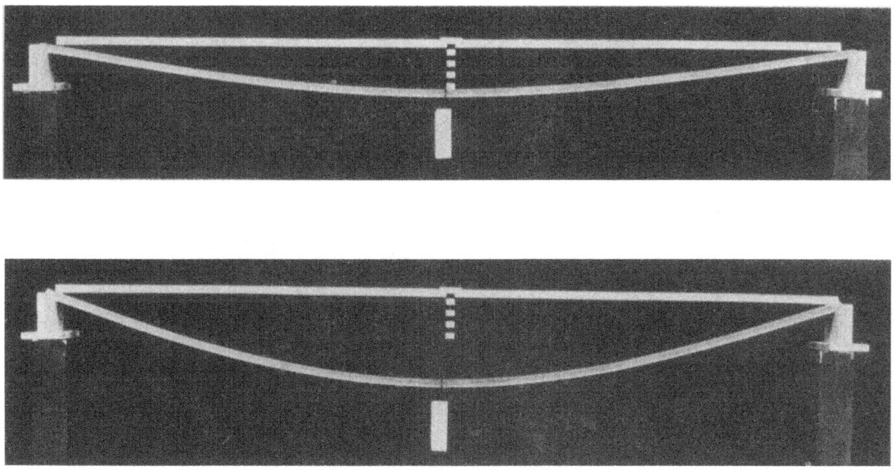

Abb. 10: Kurz- und Langzeitbelastung PMMA – Stab

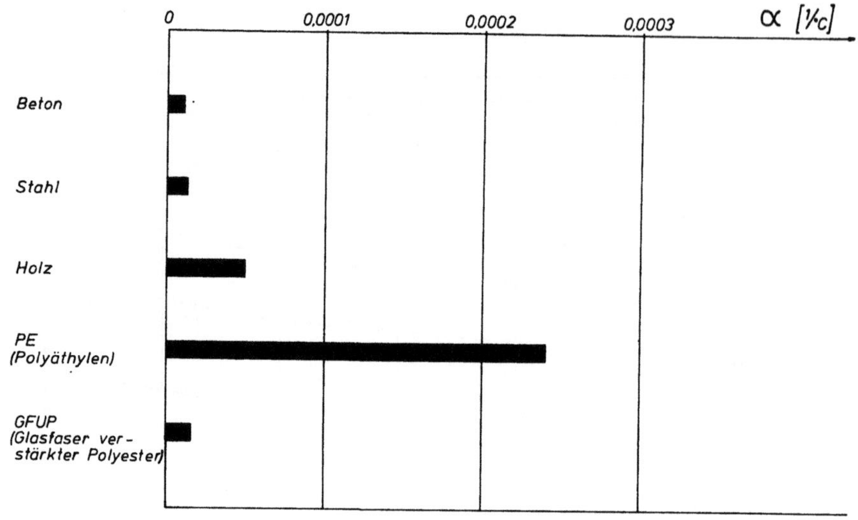

Abb. 11: linearer Wärmeausdehnungskoeffizient

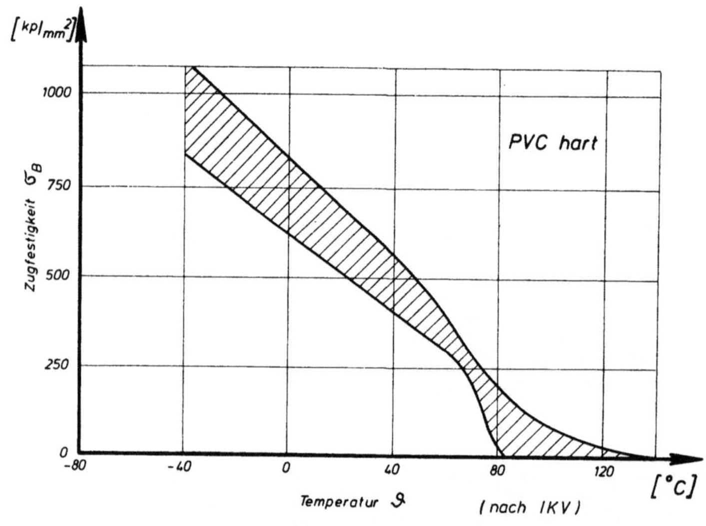

Abb. 12: Festigkeitsabfall bei Temperaturen

Brandverhalten der Baustoffe nach DIN 4102	A		B		
	A_1 nicht brennbar	A_2	B_1 schwer entflammbar	B_2 normal entflammbar	B_3 leicht entflammbar
Beton	X				
Stahl	X				
Holz				X	
PVC-hart			X	X	x
GF-UP			x	X	x

Abb. 13: Brandverhalten

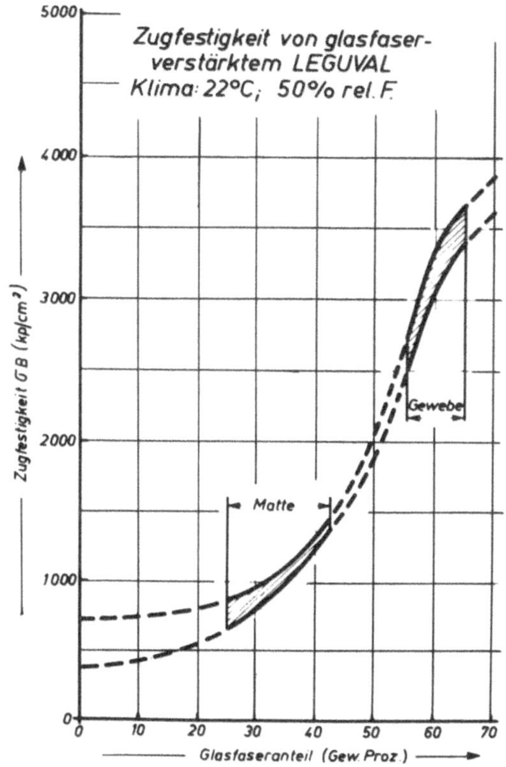

Abb. 14:
Zugfestigkeit in Abhängigkeit vom Glasfaseranteil

Abb. 15:
Spannungsdehnungsdiagramm für Stahl (St 37) und GFK (Mattenlaminat $\varphi = 20\%$)

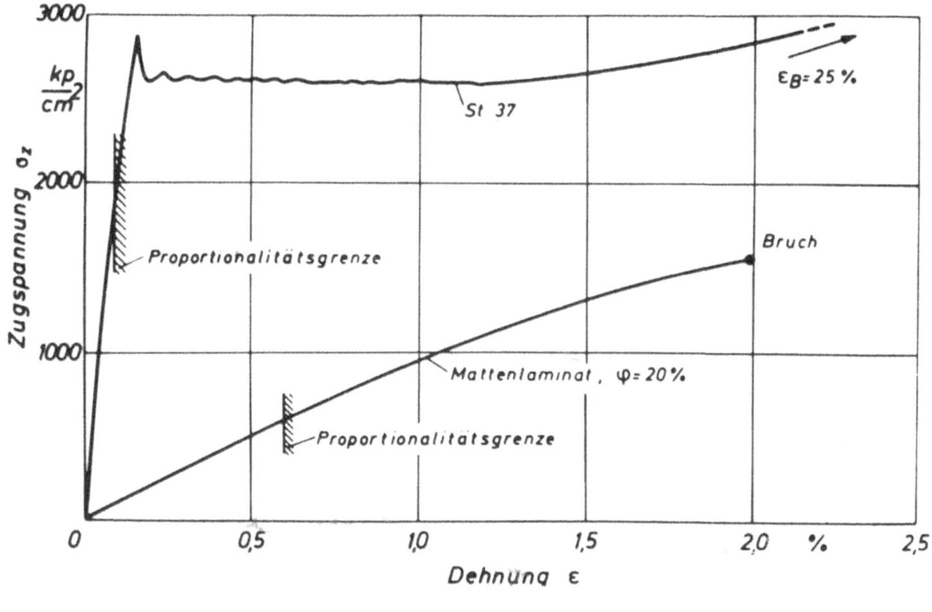

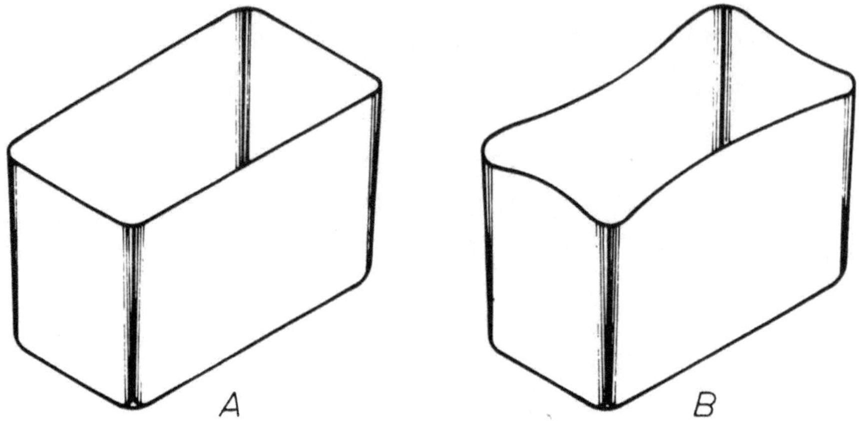

Abb. 16: Schrumpfungen

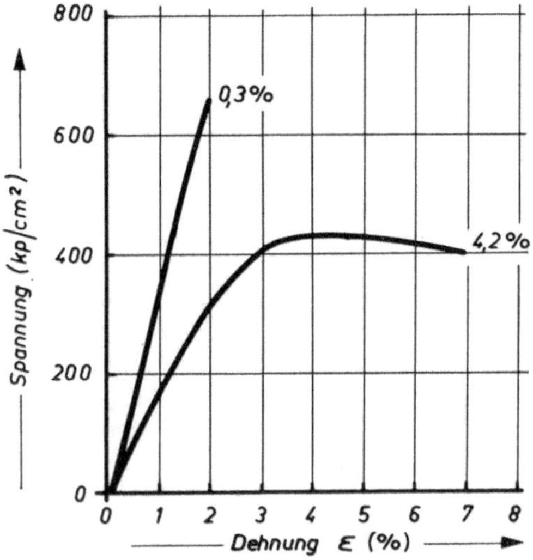

Abb. 17:
Zug-Dehnungsdiagramm bei verschiedenem Reststyrolgehalt (Leguval)

Abb. 18:
Schubspannungsverteilung

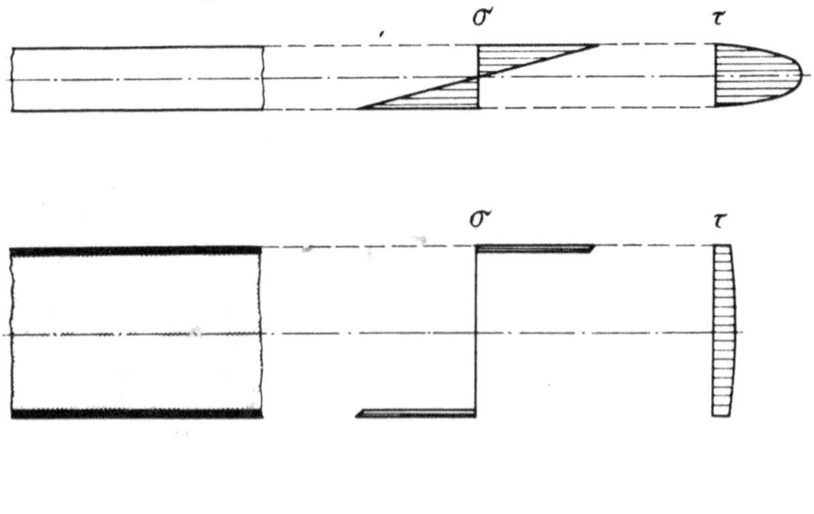

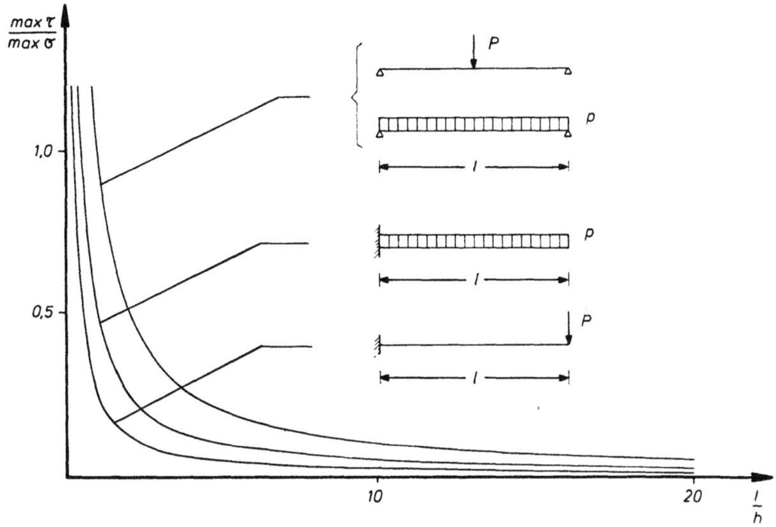

Abb. 19: Verhältnis von Schub- und Biegespannungen für Rechteckquerschnitt

Abb. 20: Durchbiegung bei gleichem F und h

Diese Erkenntnis führte schon früh zu der Überlegung, daß das Material dort konzentriert werden müsse, wo die Dehnung der Faser am größten ist, d. h. bei einem Biegetragwerk in den Randzonen. Dem steht aber entgegen, daß die gleichzeitig im Querschnitt zu übertragenden Schubspannungen im Bereich der neutralen Faser ihr Maximum erreichen. Eine veränderte Querschnittsverteilung ist also nur sinnvoll und möglich, wenn die auftretenden Schubspannungen wesentlich kleiner sind als die gleichzeitig auftretenden Biegespannungen. Das Diagramm (Abb. 19) zeigt, daß diese Voraussetzungen nur bei schlanken Tragwerken erfüllt sind (Abb. 20).

1.1 Profilierung

Unter dieser im Bauwesen vorherrschenden Voraussetzung wurden besonders für solche Baustoffe, deren Schubfestigkeit etwa die gleiche Größenordnung wie die Biegefestigkeit erreicht (z. B. Stahl und Aluminium), zahlreiche Profilarten entwickelt. Diese Profile haben bei gleichem Querschnitt wie ein Rechteckbalken nicht nur eine höhere Tragkraft, sondern was in unserem Falle besonders wichtig ist, ein wesentlich höheres Trägheitsmoment und daher eine größere Biegesteifigkeit.

Wie bekannt, wurden inzwischen eine Vielzahl von Profilen entwickelt, deren unterschiedliche Leistung aus dem Diagramm (Abb. 21) ersichtlich ist.

Eine beliebige Ausweitung dieses Prinzips der Profilierung findet seine Grenze einmal in der Größe der zu übertragenden Schubspannungen, zum anderen durch das Auftreten von Stabilitätsfällen in zu dünnen Profilteilen, die zum Ausbeulen führen (Abb. 22 und 23).

1.2 Verbundquerschnitte

Das Ziel einer besseren Querschnittsausnutzung *ohne Erhöhung des Gewichts* läßt sich auch dadurch erreichen, daß für den unvollständig ausgenutzten inneren Kernbereich ein Material geringerer Festigkeit und damit auch geringeren Gewichtes verwendet wird. Derartige Konstruktionen bestehen meist aus scharf voneinander abgegrenzten Querschnittsteilen, den hochfesten Deckschichten und dem leichten Kern (Abb. 24). Sie werden als Sandwichs bezeichnet.

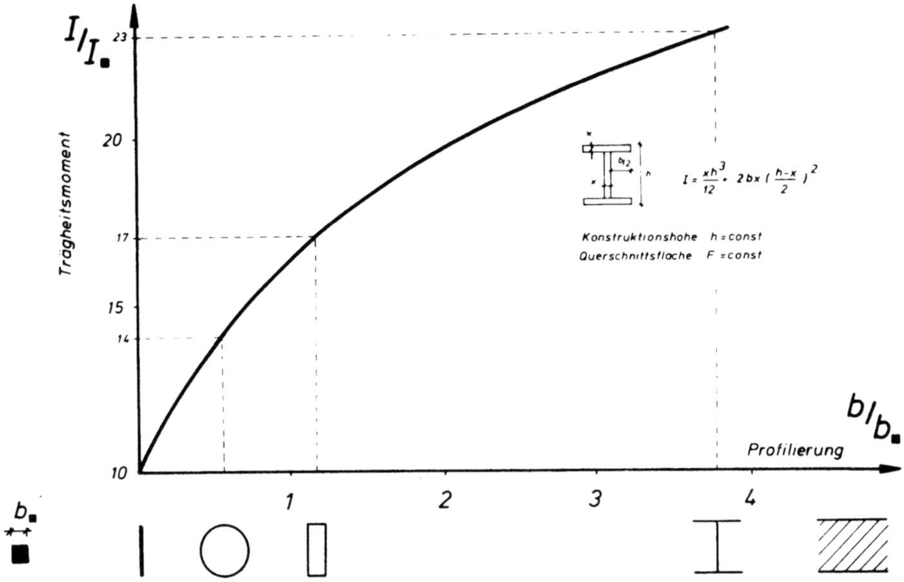

Abb. 21: Verbesserung der Steifigkeit durch Profilierung

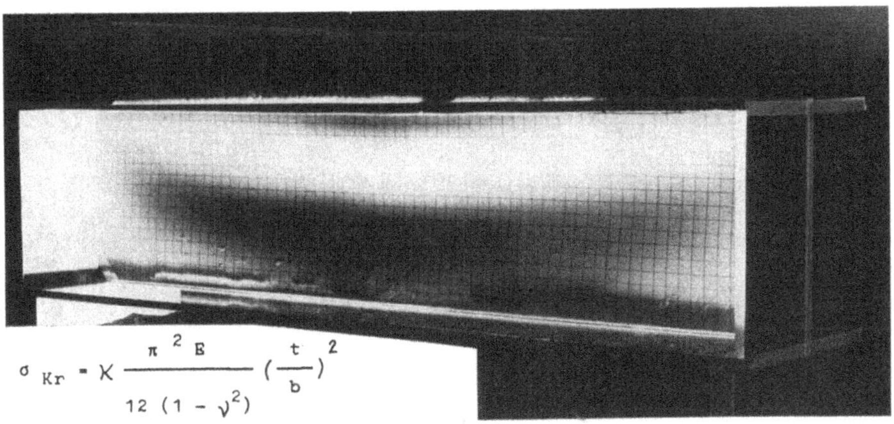

$$\sigma_{Kr} = \chi \frac{\pi^2 E}{12(1-\nu^2)} \left(\frac{t}{b}\right)^2$$

$$\text{mit } \chi = p + q \left(\frac{a}{b \cdot m}\right)^2 + \left(\frac{b \cdot m}{a}\right)^2$$

a = Steghöhe, b = Stegbreite,
m = Halbwellenzahl

p und q Festwerte je nach Einspanngrad des Steges t = Stegdicke

Abb. 22: Stegbeulen

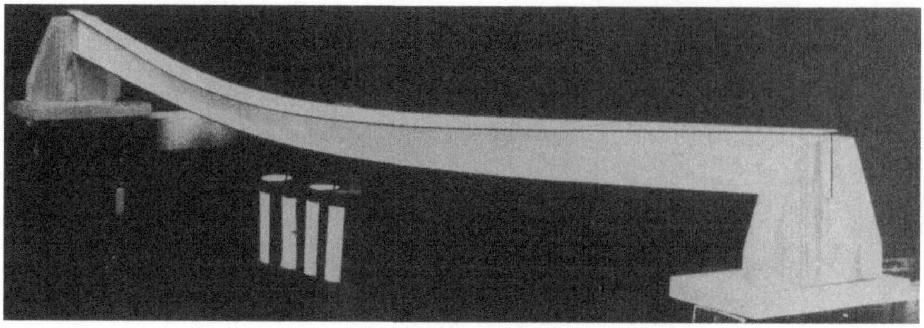

$$\sigma_{Kr} = \frac{\pi}{l} \frac{\sqrt{E I_y G I_D}}{W_x} \sqrt{1 + \pi^2 \cdot \chi}$$

$$\text{mit } \chi = \frac{E J_y}{G J_D} \left(\frac{h}{2l}\right)^2$$

Abb. 23: Kippen

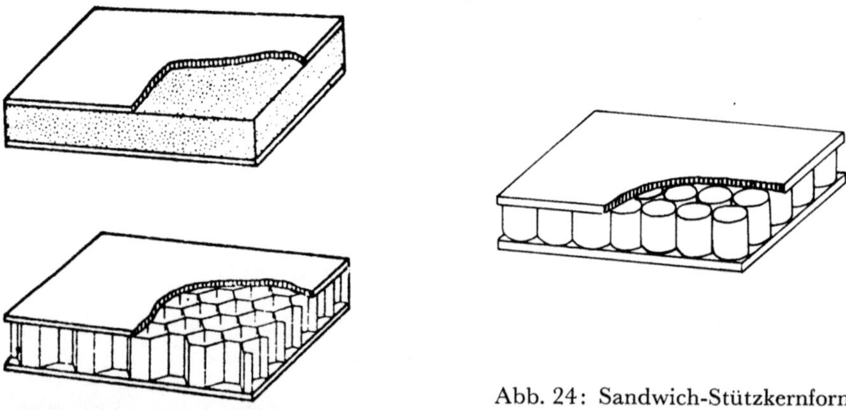

Abb. 24: Sandwich-Stützkernformen

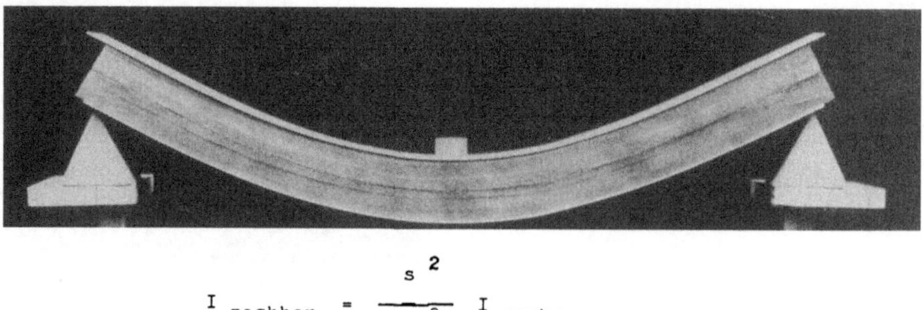

$$I_{nachher} = \frac{s^2}{3 \cdot h^2} I_{vorher}$$

hier für $s = 0{,}2$ cm und $h = 8$ cm :

$$I_{nachher} = \frac{1}{4800} I_{vorher}$$

Abb. 25: Versagen des Verbundes zwischen Deckschicht und Kern

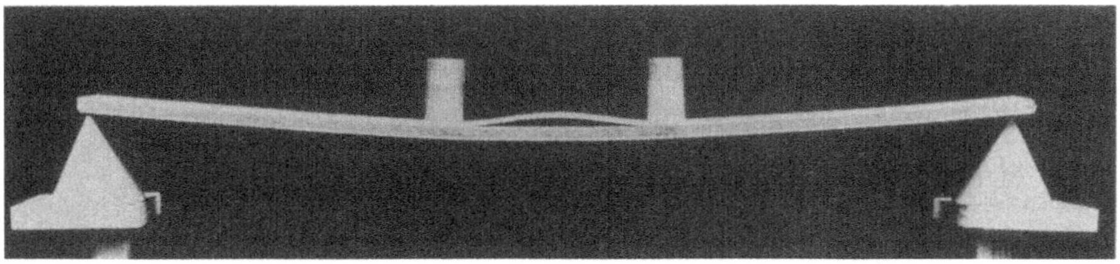

$$\sigma_K = 0{,}5 \sqrt[3]{E_D \cdot E_K \cdot G_K}$$

D = Deckschicht

K = Kernschicht

Abb. 26: Ausknicken der Deckschicht

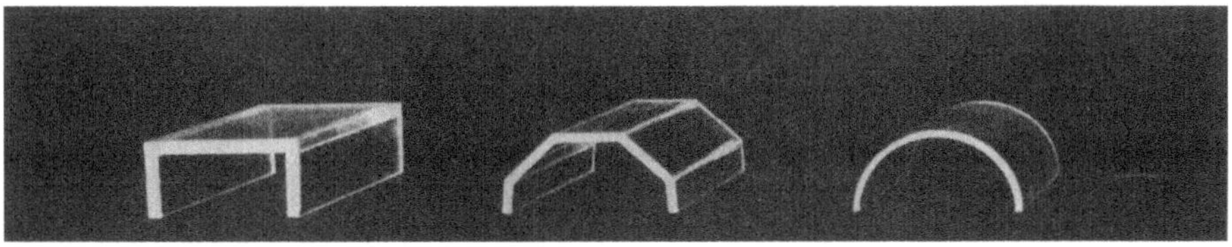

Abb. 27: Plattenbalken – Faltwerk – Tonnenschale

Abb. 28: Plattenbalken (Hutprofil – Hüls)

Abb. 29: Dachschale

Abb. 30: Überdachung Außenansicht (Morpeth Secondary School, London)

Die Probleme dieser Bauweise liegen in den schwer zu bewältigenden Spannungsspitzen im Bereich von Lasteinleitungspunkten, in der Verträglichkeit von Rand- und Kernzone (Abb. 25) bei unterschiedlichem Formänderungsverhalten und in der Stabilisierung der dünnen Deckschichten gegen Ausknicken (Abb. 26).

1.3 Großprofile

Wächst die Breite eines Profilträgers über 20–30 cm hinaus, so entstehen quer zur Haupttragrichtung aus Eigengewicht und Nutzlast nicht mehr vernachlässigbare Biegebeanspruchungen. Soweit diese nicht durch eine sekundäre Profilierung verringert werden können, versucht man, sie durch Verkürzung der wirksamen Stützweite zu verkleinern (Abb. 27). Auf dieser letzteren Überlegung beruht der Gedanke des Faltwerks. Am Beispiel eines Plattenbalkens kann gezeigt werden, wie durch Faltung des Gurtes, etwa bei Dächern, die Querbiegebeanspruchung verringert werden kann (Abb. 28).

Werden die Faltwerkskanten dicht zusammengerückt, so entsteht die Tonnenschale (Abb. 29), in der, abgesehen von Randstörungen, keine Querbiegemomente mehr auftreten.

Auch hier sind einer beliebigen Querschnittsabmagerung die gleichen Grenzen gesetzt wie sie bei den normalen Profilträgern bereits erörtert wurden.

Als Beispiele hier seien als neueste Anwendungen gezeigt:

1. Die Überdachung einer Schule in England aus 17 m weit gespannten hutartigen Profilen aus lichtdurchlässigem glasfaserverstärktem Kunststoff. Die Pfosten und die lichtundurchlässigen Teile bestehen aus aufgeklebten Verstärkungen (Abb. 30, 31 und 32).
2. Doppelstegplatten aus Acrylglas, deren Biegesteifigkeit für sich gesehen sehr klein ist, erhalten in faltwerkartiger Anordnung eine Steifigkeit, die hier etwa 25mal größer ist (Abb. 33, 34 und 35).

1.4 Biegefreie Tragwerke

Die vollkommenste Querschnittsausnutzung und damit der größte Trageffekt bei gegebenem Querschnitt ist zu erwarten, wenn der Querschnitt nur auf Druck oder nur auf Zug beansprucht wird. Die Größe dieses Effekts möge am Beispiel eines Rechteckquerschnitts gezeigt werden, der einmal als Biegeträger beansprucht wird, zum anderen durch Drehen um 90° als Hängewerk wirkt (Abb. 36).

Abb. 32: Überdachung Untersicht
(Morpeth Secondary School, London)

Abb. 31: Überdachung Innenansicht
(Morpeth Secondary School, London)

Abb. 33: Wandelement-Einzelplatte (Doppelstegplatten)

Abb. 34: Wandelement eingebaut (Doppelstegplatten)

Abb. 35: Wandelement belastet (Doppelstegplatten)

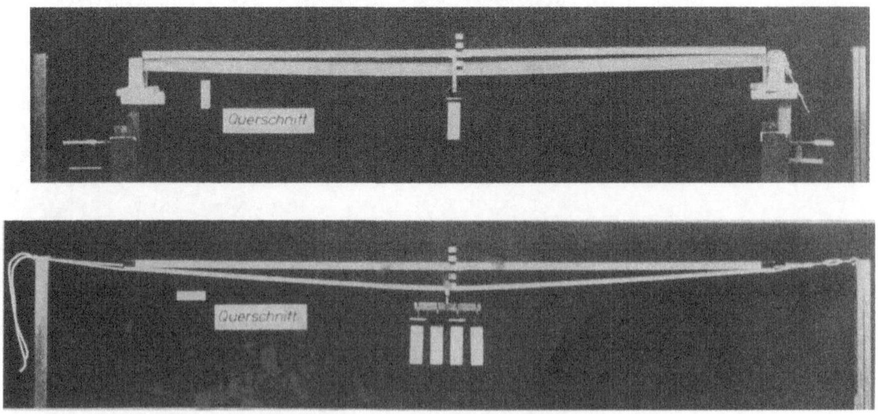

Abb. 36: Biegeträger – Hängewerk

Abb. 37:
GFK-Platte (Aufsicht)

Abb. 38:
GFK-Platte (Untersicht)

Abb. 39: Faltwerk

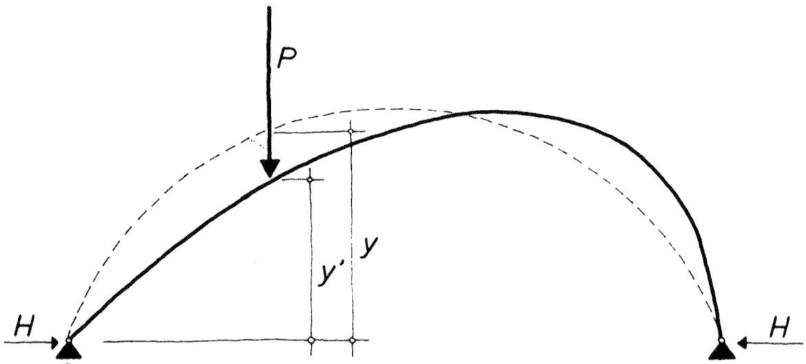

Abb. 40: Bogentragwerk – System

Abb. 41: Bogentragwerk – Wellprofil

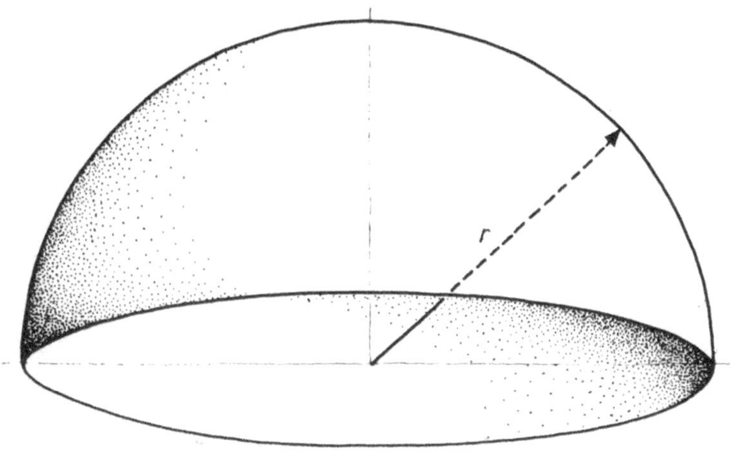

$$p_{Kr} = \alpha \cdot E \left(\frac{t}{r}\right)^2$$

Abb. 42: Fläche mit gleicher Krümmung – Kugelschale

Die Gesamtkonstruktionshöhe sei in beiden Fällen gleich. Wie die Rechnung ergibt, trägt der Querschnitt als Hängewerk mehr als das 4fache des Biegeträgers.

Eine Dachkonstruktion ließe sich unter diesen Umständen selbst bei großen Spannweiten und gleichmäßig verteilten Nutzlasten von 100 kp/m² als dünne Haut ausführen. Dem steht jedoch neben anderen vor allem *ein* Hindernis entgegen:

Die dünne Haut gerät selbst bei leichtem Wind ins Flattern. Abgesehen von der damit verbundenen Geräuschentwicklung treten besonders bei stärkerem Wind so hohe Kräfte auf, daß die Haut zerrissen würde.

In bestimmten Fällen bietet sich als Ausweg folgende Möglichkeit an:

Bei dem Dach dieser Halle wird die 2 mm starke lichtdurchlässige Membrane aus GFK mit einer 5 cm tiefen Wasserschicht belastet. Diese Wasserschicht beeinträchtigt die Lichtdurchlässigkeit kaum, verhindert Flatterbewegungen, wirkt als Temperaturausgleich und dient bei etwaigem Brand als Löschwasser (Abb. 37 und 38).

1.4.1 Bogentragwerk

Wird die Dachfläche bogenförmig gewölbt, so verbessert sich die Raumnutzung zwar erheblich, dafür aber treten Stabilitätsprobleme auf, d. h. die Gefahr des Ausknickens. Dieser Gefahr kann entweder durch Verdickung des Querschnitts oder seine Versteifung durch Rippen begegnet werden (Abb. 39, 40 und 41).

1.5 Krümmung

Doppelt gekrümmte Flächen werden als Schalen bezeichnet. Bereits durch gleichsinnige Krümmungen (Abb. 42, 43, 44, 45), wie beispielsweise bei einer Kugelschale, läßt sich eine erhebliche Verbesserung der Beulstabilität erzielen. Dieser Effekt wird jedoch noch wesentlich verbessert, wenn die Flächen orthogonal zueinander gegengekrümmt sind (Abb. 46 und 47). Es entstehen dann eine Druck- und eine Zugrichtung, die sich gegenseitig stabilisieren. Insbesondere begrenzt die Zugrichtung jedes Ausbeulen der Druckrichtung.

Abb. 43: Kugelschale (Futuro-Haus)

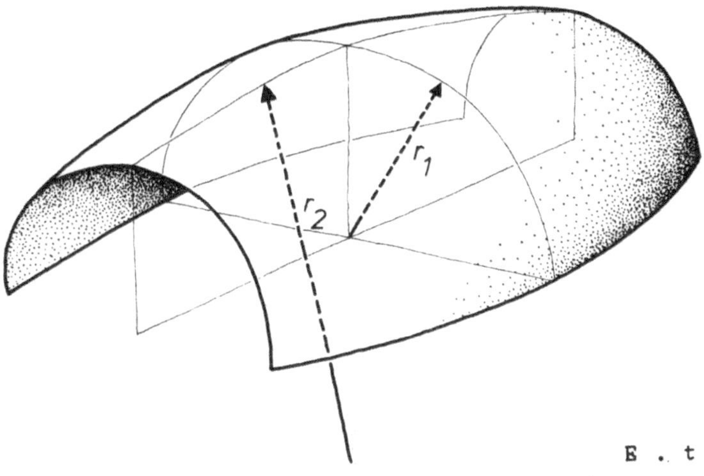

$$p_{Kr} = ß \frac{E \cdot t^2}{r_1 \cdot r_2}$$

Abb. 44: Fläche mit gleichsinnigen Krümmungen

Abb. 45: Markthalle St. Quen

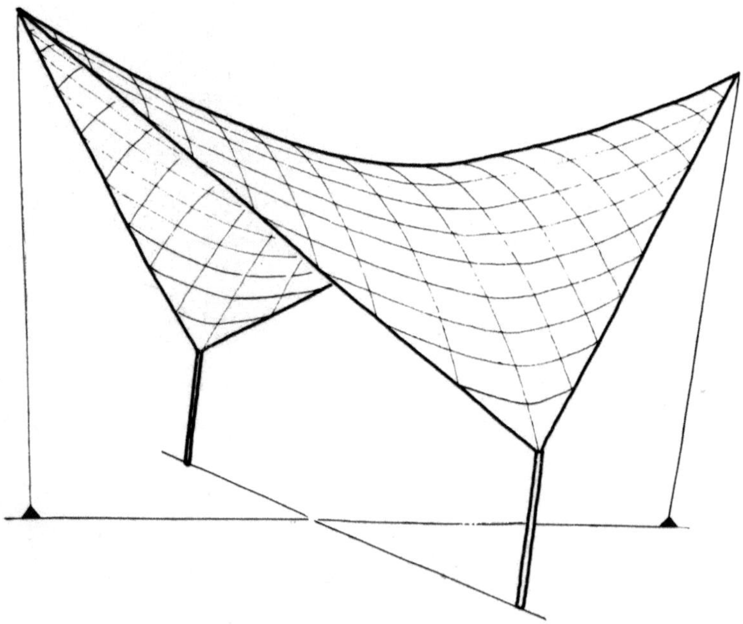

Abb. 46: Fläche mit gegensinnigen Krümmungen – Hyperbolisches Paraboloid

Abb. 47: Hypar-Schale aus Leguval mit umlaufendem Stahlrohr (Bayer)

Abb. 48: Zeltkonstruktion

2. *Neuere Entwicklungen – Prinzip der Gegenspannung*

Zugvorgespannte Konstruktionen

Wie aus den bisherigen Darlegungen hervorgeht, sind Beulen bei druckbeanspruchten und Flattern bei zugbeanspruchten Konstruktionen die wesentlichen Phänomene, die der Ausführbarkeit einer Konstruktion Grenzen setzen. Sie verlangen eine Erhöhung der Steifigkeit der Querschnitte, eine Forderung, die gerade beim Kunststoff schwer zu erfüllen ist. Hier hat nun der Gedanke, Druckbeanspruchungen mit ihren Stabilitätsgrenzen dadurch auszuschalten, daß man einem ursprünglich auf Druck beanspruchten Bauteil eine Zugvorspannung überlagert, neue Dimensionen eröffnet. Wird diese Zugvorspannung so hoch gewählt, daß sie immer größer als die mögliche Druckbeanspruchung bleibt, so entfällt das Knick- und Beulproblem vollständig (Abb. 48). Für ein solches Verfahren eignen sich insbesondere die zuletzt erwähnten gegengekrümmten Flächentragwerke (Abb. 49). Dabei wird die Zugvorspannung in dem Druckteil mit Hilfe der ohnehin unter Zug stehenden Flächenrichtung aufgebracht. Die hierzu notwendigen Kräfte sind, wie leicht zu sehen ist, um so geringer, je schärfer die Krümmungen der Fläche sind.

Diese Konstruktionen sind inzwischen für große Spannweiten ausgeführt worden. Die bekanntesten davon sind, wenn auch keine reinen Kunststoffkonstruktionen, die Olympiabauten in München (Abb. 50).

Der Nachteil dieser Bauweisen liegt darin, daß ein hoher Teil der Materialfestigkeit in Anspruch genommen werden muß, um die zur Aussteifung notwendige Vorspannung zu erzeugen. So bleibt beispielsweise bei dem Münchener Zeltdach nur etwa ein Viertel der ausnutzbaren Festigkeit für die Abtragung von Wind- und Schneelasten übrig.

Dieses Mißverhältnis wächst, je flacher die Krümmungen des Flächentragwerkes werden. Aus eben diesem Grunde konnte der ursprüngliche Architektenentwurf für München nicht ausgeführt werden.

Bei zugvorgespannten Kunststoffen muß neben diesem Aufwand aber außerdem mit großen Festigkeitseinbußen gerechnet werden, von den großen Vorspannverlusten infolge Kriechens ganz zu schweigen.

3. *Maschinelle Beeinflussung des Spannungszustandes*

Um diesen Nachteil auszugleichen, entstand der Gedanke, zunächst noch nicht als grundlegendes neues Prinzip erkannt, die Vorspannung den jeweiligen Belastungsverhältnissen anzupassen. Er findet seine erste Anwendung bei den sogenannten Tragluftkonstruktionen.

3.1 Tragluftkonstruktionen

Bei diesen Konstruktionen wird der von einer dünnen Haut umschlossene Nutzraum unter einen Luftüberdruck gesetzt, der so hoch ist, daß er mindestens dem Gewicht der Haut das Gleichgewicht hält (Abb. 51 und 52). Ein solcher Luftüberdruck wird laufend maschinell erzeugt. Bei einem Eigengewicht von 5–6 kp/m^2 Dachfläche ist der notwendige Luftüberdruck mit 20 kp/m^2 (d. h. $^1/_{500}$ Atmosphäre) so gering, daß er dem Luftdruckunterschied zwischen dem Keller und dem sechsten Geschoß eines Hochhauses entspricht und damit kaum merkbar ist. Fällt Schnee, so läßt sich die erhöhte Belastung der Dachhaut durch entsprechende Erhöhung des Luftdrucks leicht kompensieren. Eine Erhöhung des Luftdrucks ist auch notwendig bei starken Windböen, durch die Beulen in die Dachfläche gedrückt werden könnten. Dabei ist eigenartigerweise nicht das Entstehen der Beule für den Bestand des Bauwerks unmittelbar bedenklich, als vielmehr das plötzliche Zurückschnellen der Haut in die ursprüngliche Form, wenn die erzeugende Windböe vorbeigezogen ist. Alle bisher bei solchen Konstruktionen entstandenen Schäden sind auf die hohen Reißkräfte beim Zurückschnellen von Beulen zurückzuführen (Abb. 53).

3.2 Hydraulisch beeinflußte Konstruktionen

In vielen Fällen zeigt es sich, daß nicht die Festigkeit eines Kunststoffs die Grenze für seine Verwendung setzt, sondern die trotz aller konstruktiven Maßnahmen zu große Formänderung des Tragwerks unter Last.

Für solche Fälle erscheint es sinnvoll, zu große Formänderungen durch einen hydraulisch erzeugten Gegenspannungszustand rückgängig zu machen. Als Beispiele für eine solche Anwendung mögen die folgenden Vorschläge dienen (Abb. 54, 55 und 56).

3.2.1 Schwingungsdämpfung

Hydraulische Anlagen eignen sich gleicherweise dazu, einem in Schwingung geratenen Bauwerk Gegenschwingungen zu überlagern. Da diese Beeinflussungsmöglichkeit von Kunststoffkonstruktionen durch hydraulische Einrichtungen m. W. bisher noch nicht versucht wurde, bitte ich, diese Anregung nur als eine denkbare Möglichkeit zu bewerten.

Abb. 49: Hyperbolisches Paraboloid-Zelt

Abb. 50: Olympiadach – München

Abb. 51: Traglufthalle

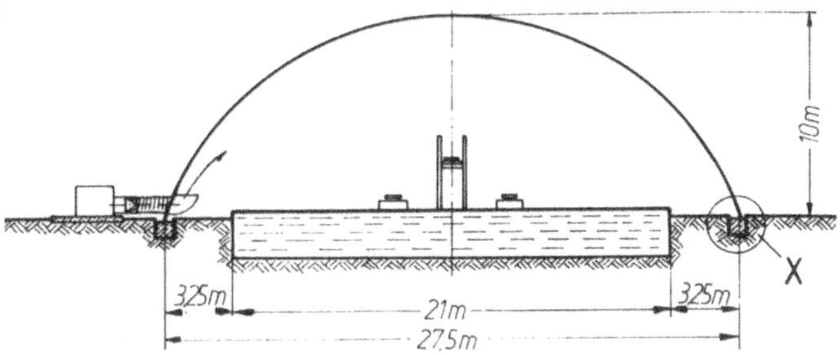

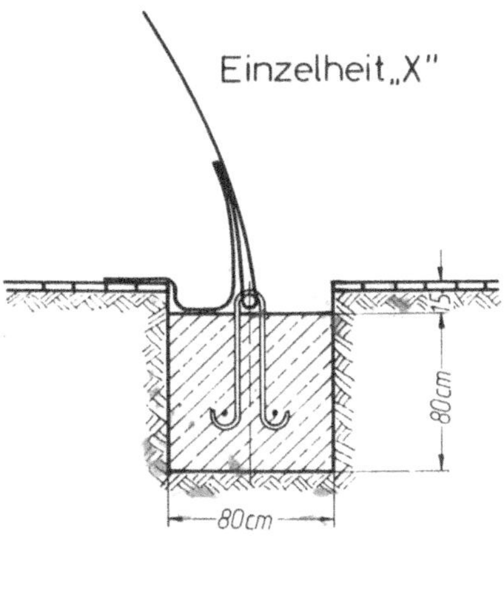

Abb. 52:
Traglufthalle Verankerung

Abb. 53: Radar-Dom

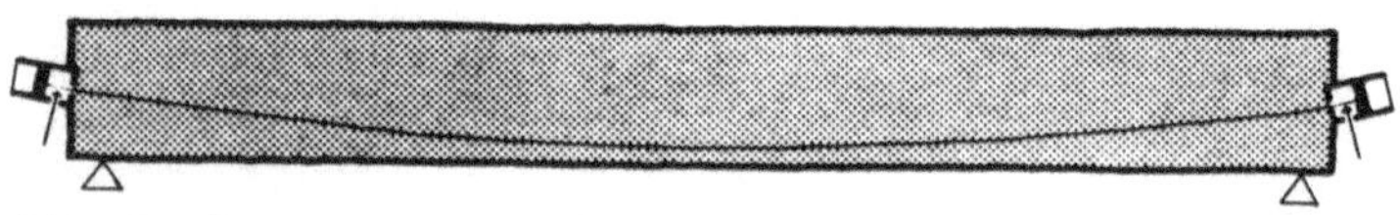

Abb. 54: Unterspannter Balken

Abb. 55: Rahmen

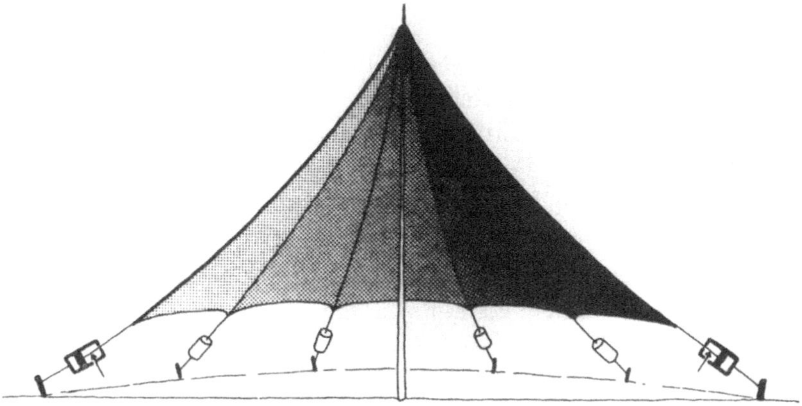

Abb. 56: Zelt

III. Bemessungsverfahren

Ein Bemessungsverfahren für tragende Konstruktionen im Bauwesen muß folgenden Bedingungen genügen:

1. Es muß eine ausreichende Tragfähigkeitsreserve nachgewiesen werden, die als Maßstab für die Sicherheit der Konstruktion dient.
2. Die Konstruktion muß so bemessen sein, daß der Werkstoff optimal ausgenutzt wird.

Dabei müssen zwei Grundbedingungen erfüllt werden:
1. Es muß nachgewiesen werden, daß unter allen Bedingungen die widerstehenden Kräfte mit den angreifenden Kräften im Gleichgewicht sind. Diese Bedingung ist unabhängig vom verwendeten Material.
2. Die nachgewiesenen Beanspruchungen der einzelnen Querschnittsteile müssen kleiner sein als die jeweiligen Mindestfestigkeiten des Materials. Diese Aussage ist also nur möglich, wenn die entsprechenden Materialkennwerte vorliegen.

Als Normenfestigkeiten eines Baustoffs werden die Druck-, Zug- und Schubfestigkeit angegeben, die im einaxialen Belastungsversuch ermittelt wurden. Kompliziertere Beanspruchungsarten, wie mehrachsige Spannungszustände, Wechselbeanspruchungen usw., haben Einfluß auf die Festigkeitseigenschaften und können bei allen Baustoffen mit Hilfe bekannter Theorien aus den Normfestigkeiten ermittelt werden.

Die nachfolgenden Ausführungen sollen sich nun nicht etwa mit dem Gesamtproblem der Berechnung einer Kunststoff-Konstruktion auseinandersetzen, sondern lediglich auf die Phänomene eingehen, die abweichend von anderen Baustoffen bei den Kunststoffen zusätzlich auftreten. Dazu gehören in erster Linie der Festigkeitsverlust unter dauernder Beanspruchung und der Festigkeitsverlust bei Temperaturen zwischen 30 und 70°, der bei anderen Baustoffen keine Rolle spielt, hier aber von merklicher Bedeutung sein wird.

Zeitstandsdiagramm in doppelt logarithmischem Maßstab (Abb. 57):

Zur Zeit trägt man diesem Phänomen dadurch Rechnung, daß man zusätzlich zu der Sicherheitszahl noch werkstoffbezogene Abminderungsfaktoren einführt. Danach ergibt sich bei Bemessung gegen Bruch die zulässige Beanspruchung zu

$\sigma = \frac{\sigma_{Br}}{\nu \cdot A}$, wobei σ_{Br} die Bruchfestigkeit im Kurzzeitversuch bei 23° Temperatur angibt,
wobei $A = A_1 \cdot A_2 \cdot A_3 \ldots A_n$ ist.

Jeder dieser Faktoren soll den Festigkeitsverlust angeben, der zu erwarten ist für:

A_1 = infolge Dauerbeanspruchung
A_2 = infolge höherer Temperaturen
A_3 = infolge Alterung durch Umwelteinflüsse
A_4 = infolge Fehlers bei der Herstellung

Die Unzulänglichkeit dieses Verfahrens liegt darin, daß die Größe dieser Abminderungsfaktoren im Hinblick auf den jeweiligen Verwendungszweck nur abgeschätzt werden kann. Als Anhalt mag dienen, daß das Produkt der Abminderungsfaktoren heute zwischen 4 und 5 liegt, für eine Beanspruchungszeit von 10 Jahren. Bei einer Sicherheitszahl $\nu = 2$ ergibt dies eine Werkstoffausnutzung, die zwischen 10 und 12,5% der Anfangsbruchfestigkeit liegt.

Das ganz anders begründete Bemessungsverfahren von Menges definiert für jedes Material eine kritische Dehngrenze (Abb. 58), die im Gebrauchszustand zu keinem Zeitpunkt überschritten werden darf. Ohne auf dieses interessante Verfahren im einzelnen einzugehen, seien hier nur einige den Bauingenieur besonders angehende Eigenheiten erwähnt.

Oberhalb dieser kritischen Dehngrenze können vor allem bei Thermoplasten Verstreckungsrisse auftreten, die nicht nur die elastischen Eigenschaften des Kunststoffs in bisher nur unvollständig erforschtem Ausmaß verändern, sondern auch Angriffsflächen für eine vorzeitige Alterung des

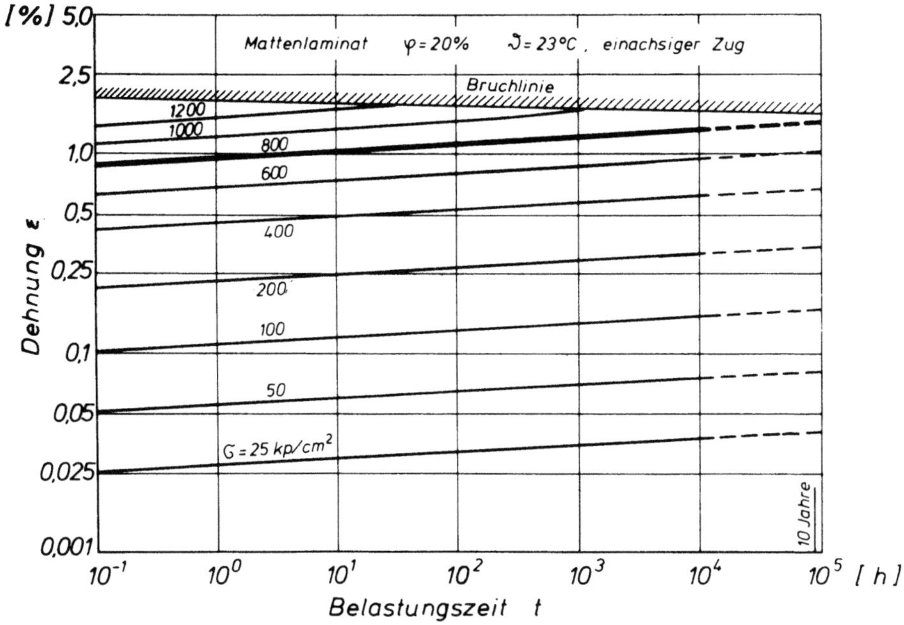

Abb. 57: Zeitdehnlinien von GFUP Mattenlaminat (nach Dolfen)

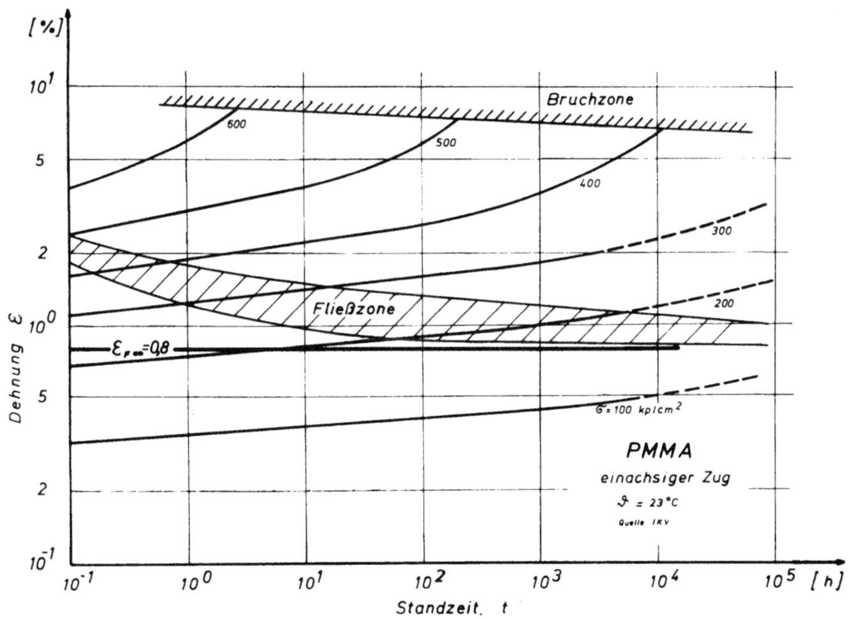

Abb. 58: Zeitdehnlinien von PMMA

Materials bieten. Da außerdem nach Menges das viskoelastische Verhalten unterhalb der kritischen Dehngrenze linear bleibt, kann bei unterbrochener Beanspruchung mit einem vollständigen Erholverhalten gerechnet werden. Die Einhaltung dieser Grenze macht die Berücksichtigung von Abminderungsfaktoren überflüssig, da deren Einfluß bereits erfaßt oder aber unwirksam ist. Dieses Bemessungsverfahren hat sich im Maschinenbau durchaus bewährt.

Für das Bauwesen liegt der wesentliche Nachteil darin, daß das Verfahren noch keine Aussage über die Sicherheit der Konstruktion gegen Bruch macht. Untersuchungen, hier Abhilfe zu schaffen, sind jedoch im Gange. Wird aber diese Dehngrenze selbst als Versagensgrenze angesehen, so muß die zulässige Beanspruchung um den Faktor ν vermindert werden und wird dann so niedrig, daß die Möglichkeiten für die Anwendung des Kunststoffs im Bauwesen sehr stark eingeschränkt werden.

Es wird daher im folgenden versucht, das erstgenannte Verfahren dadurch zu verbessern, daß die Größe der Abminderungsfaktoren berechenbar gemacht wird. Ich muß mich dabei aus Raumgründen auf den Faktor A_1 beschränken. Das angewendete Verfahren kann jedoch grundsätzlich auch zur Ermittlung der Faktoren A_2 und A_3 verwendet werden, so daß meine Darlegungen exemplarischen Charakter haben.

Eine solche Berechnung ist natürlich nur möglich, wenn eine mathematisch formulierbare Modellvorstellung besteht, die das Verformungs- und Festigkeitsverhalten solcher Kunststoffe, die für tragende Konstruktionen in Betracht kommen, zumindest in der Tendenz richtig wiedergibt. Die zeitabhängige Verformung von Kunststoffproben unter verschieden hoher Beanspruchung ist aus dem entzerrten Diagramm (Abb. 59) ersichtlich.

Solche Zeitstandslinien werden grundsätzlich für jeden Werkstoff ermittelt. Die Versuchswerte reichen höchstens bis zu 10^4 Stunden oder etwa einem Jahr, während die den Bauingenieur interessierenden Werte von mindestens 10^5 Stunden oder etwa 11 Jahren extrapoliert sind. Tatsächlich sind Dauerversuche über 10 Jahre m. W. bisher noch nicht durchgeführt worden.

Diese Unsicherheiten in der Bestimmung des Zeitstandsverhaltens der Kunststoffe sind für den Bauingenieur nicht so alarmierend wie man vermuten müßte. Tatsächlich muß jeder Ingenieur, der eine neue Konstruktion verwirklicht, mit dem Problem der Wissenslücken kämpfen. Diese Lücken können erst geschlossen werden, wenn die Erfahrungen mit der neuen Konstruktion vorliegen. Er muß daher das in seiner Unkenntnis liegende Risiko vorher abschätzen und im Zweifelsfall die ungünstigsten Annahmen machen.

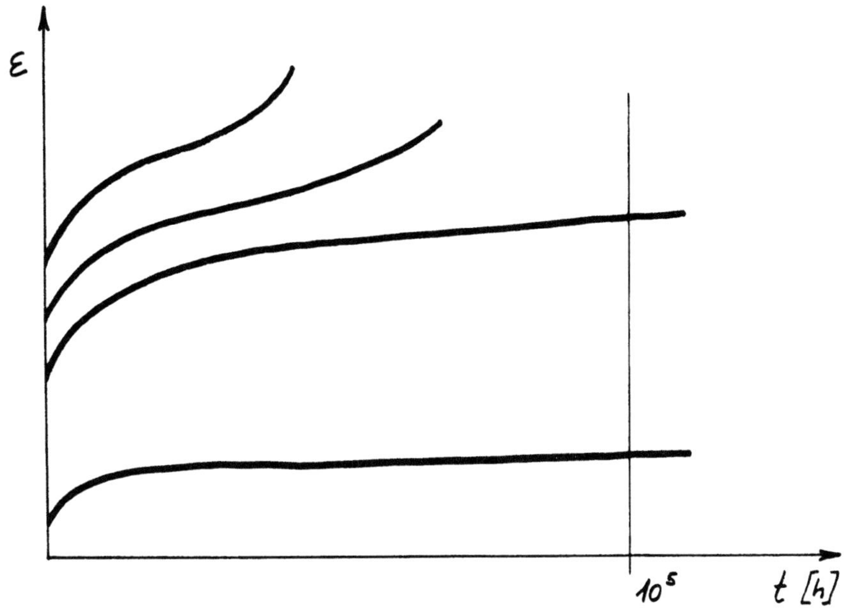

Abb. 59: Grenzkurven

Wenn man nach einem Modell sucht, mit dem das charakteristische Verformungsverhalten aller Kunststoffe zutreffend beschrieben werden kann, wird man keines finden, das mit der Wirklichkeit übereinstimmt. Unter den möglichen Modellen scheint aber das hier dargestellte, aus der Rheologie bekannte Modell (Abb. 60) am brauchbarsten. Wird hierbei angenommen, daß das Kriechen nach 10 Jahren beendet ist, eine Annahme, die der Wirklichkeit offenbar nicht ganz entspricht, und wird diese Modellkurve mit der wirklichen Zeitstandslinie an drei Punkten in Übereinstimmung gebracht, so entsteht für den Retardationsabschnitt das Bild von Abb. 61. Da die Übereinstimmung zwischen Zeitstandskurve eines Kunststoffs und der Modellkurve im Retardationsabschnitt im Gegensatz zum Relaxationsabschnitt weitgehend hergestellt werden kann, wird bei den folgenden Untersuchungen auf den Einfluß der Relaxationsphase vorläufig verzichtet. Es wird aber gezeigt, daß trotz dieser Beschränkung die grundsätzlichen Probleme in der Größenordnung richtig erfaßt werden, und daß alle Ergebnisse der folgenden Untersuchungen auf der sicheren Seite liegen.

Es zeigt sich dabei, daß in dem Zeitabschnitt, der den Bauingenieur besonders interessiert, die Werte der Modellkurve leicht über denen der wirklichen Zeitstandslinie liegen, die Modellkurve also ungünstigere Ver-

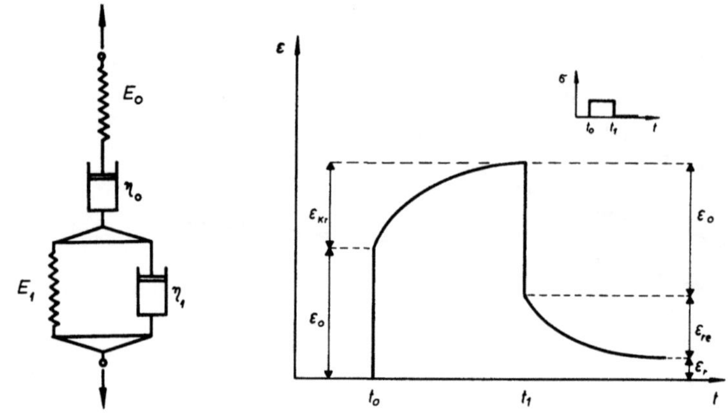

$$\varepsilon_o+\varepsilon_{Kr} = \sigma\cdot\left[\frac{t}{\eta_o}+\frac{1}{E_o}+\frac{1}{E_1}\cdot\left(1-e^{-\frac{E_1}{\eta_1}\cdot t}\right)\right]$$

(Retardationsphase)

$$\varepsilon_o+\varepsilon_{re} = \sigma\cdot\left[\frac{1}{E_o}+\frac{1}{E_1}\cdot\left(1-e^{-\frac{E_1}{\eta_1}\cdot\{t-t_1\}}\right)\right]$$

(Relaxationphase)

Abb. 60: Rheologisches Modell

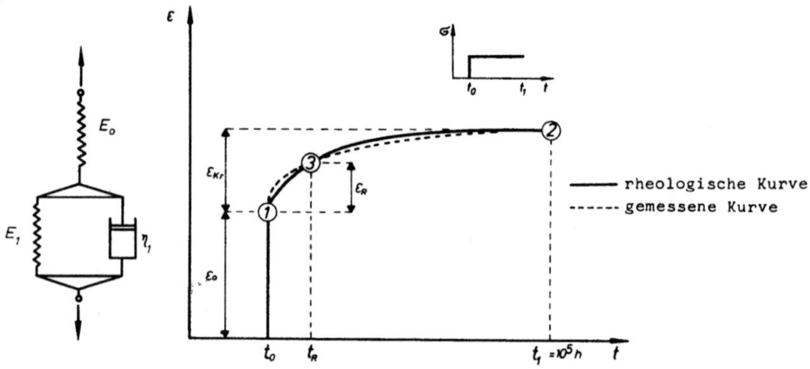

Für Punkt 1 gilt

$$E_o = \frac{\sigma}{\varepsilon_o}$$

Für Punkt 3

$$\eta_1 = E_1 \cdot t_R$$

Für Punkt 2

$$E_1 = \frac{\sigma}{\varepsilon_{Kr}}$$

Abb. 61: Bestimmung der Materialkennwerte

$$\varepsilon_{Br} = \varepsilon_o + \varepsilon_{Kr}$$

$$\sigma_o = \varepsilon_o \cdot E_o = (\varepsilon_{Br} - \varepsilon_{Kr}) \cdot E_o$$

Festigkeitsverlust

$$\sigma_v = \varepsilon_{Kr} \cdot E_o$$

Abb. 62: Festigkeitsverlust

formungswerte ergibt als die wirkliche. Es ist daher zulässig, die wirkliche Zeitstandslinie durch die Modellkurve zu ersetzen, wenn deren Anfangs- und Endwerte sowie ein definierter Zwischenwert miteinander übereinstimmen.

Für die Definition der Grenzkurve schlage ich folgende Bedingungen vor:

1. Die Zeitstandskurve für die Grenzbeanspruchung muß in der Tendenz der rheologischen Kurve entsprechen, deren Kriechverformung nach 10^5 Std. beendet ist.
2. Die Grenzbeanspruchung darf frühestens nach 10^5 Std. zum Bruch führen.

Analog der Empfehlung von Menges schlage ich vor, die unter diesen Bedingungen nach 10^5 Stunden festgestellte Dehnung als rechnerische Bruchdehnung zu bezeichnen und sie als konstanten Wert anzunehmen.

Unabhängig davon, welche rechnerische Bruchdehnung nun tatsächlich von den Werkstoffherstellern garantiert werden kann, ermöglicht die konsequente Anwendung dieses rheologischen Modells einige wichtige Folgerungen, die ich in anderen Arbeiten ausführlich abgeleitet habe.

1. Es ist möglich, aus den ungünstigsten Angaben eines Zeitstandsdiagramms feste Materialkennwerte für jeden Kunststoff zu ermitteln. Mit Hilfe des rheologischen Modells läßt sich dann das Verformungsverhalten zu jedem beliebigen Zeitpunkt genügend genau vorhersagen. Für die Vorhersage des größten Kriechmaßes genügt dabei nur ein zusätzlicher Kennwert, nämlich der Wert E_1.
2. Aus dem Vergleich der elastischen Dehnung zum Kriechen läßt sich unmittelbar der Festigkeitsverlust bei Dauerbeanspruchung ablesen. Danach ist der Festigkeitsverlust eine Funktion der Kriechverformung (Abb. 62).
3. Da der Festigkeitsverlust von der Größe des Kriechmaßes abhängt, ist es wichtig, das wirkliche Ausmaß des Kriechens richtig zu erfassen. Die meisten Nutzlasten, für die nach den DIN-Vorschriften ein Höchstwert anzunehmen ist, schwanken in Wirklichkeit ständig. Dies gilt besonders für Wind, Schnee und wechselnde Verkehrslasten.

Da nun alle hier in Betracht gezogenen Kunststoffe in ihrer Tendenz dem rheologischen Modell folgen sollen, lassen sich die statistisch erfaßten wirklichen Belastungsabläufe nach den Boltzmann'schen Gesetzen addieren. Danach ergeben sich, selbst wenn die mögliche Rückbildung der Kriechverformung in Entlastungsperioden außer Betracht bleibt, wesentlich geringere Gesamtkriechverformungen, als wenn die Höchstlast ständig vorhanden wäre.

Dieses geringere Kriechmaß kann man sich auch dadurch entstanden denken, daß eine niedrigere Dauerlast als die Höchstlast wirksam gewesen ist. Diese kriecherzeugende Ersatzlast läßt sich nun für alle charakteristischen Lastfälle ein für allemal bestimmen. Sie könnten zusätzlich in die DIN 1055 – die Vorschriften über die Lastannahmen – aufgenommen werden. Mit ihrer Hilfe läßt sich dann die tatsächlich zu erwartende Kriechverformung mit dem zugehörigen Festigkeitsverlust und damit die jeweilige Lebensdauer bestimmen. Diese Angabe könnte auch für die zu erwartende Kriechverformung von Betonkonstruktionen verwendet werden.

Eine entsprechende Untersuchung, bei der das Verhältnis von kriecherzeugender Last zu Höchstlast mit n bezeichnet wurde, führt zu folgenden interessanten Aussagen:

1. Bei gleichbleibender Sicherheit ist die Lebensdauer einer Konstruktion unter ständiger Vollast ($n = 1$) beispielsweise schon nach 200 Std. erschöpft. Tritt die Vollast jedoch nur gelegentlich auf und ist die kriecherzeugende Dauerlast nur 20% der Höchstlast ($n = 0{,}2$), so steigt die Lebensdauer auf 11 Jahre (Abb. 63).
2. Die zulässige Beanspruchung einer Kunststoff-Konstruktion erhöht sich bei gleichbleibender Sicherheit beträchtlich, wenn die kriecherzeugende Dauerbeanspruchung nicht der Höchstbeanspruchung entspricht. Der Unterschied ist aus den beiden Formeln erkennbar (Abb. 64).
3. Die wirklich zu erwartende Kriechverformung kann dazu benutzt werden, einen Ersatz E-Modul zu bestimmen (Abb. 65):

Dieser Ersatz-E-Modul läßt sich in die normalen Durchbiegungs- und Knickformeln einführen. Die Formeln liefern dann die Gesamtbiegung einschließlich der Kriechdurchbiegung bzw. die Reduktion der Knicklast, mit der ein vorzeitiges Ausknicken infolge Kriechens verhindert werden soll.

Einschränkend muß allerdings gesagt werden, daß dieses Verfahren nur gilt, wenn die zu erwartenden Verformungen mindestens 2 Größenordnungen geringer sind als die zugehörigen geometrischen Abmessungen. Andernfalls müssen die geometrischen Verhältnisse des verformten Systems zugrundegelegt werden.

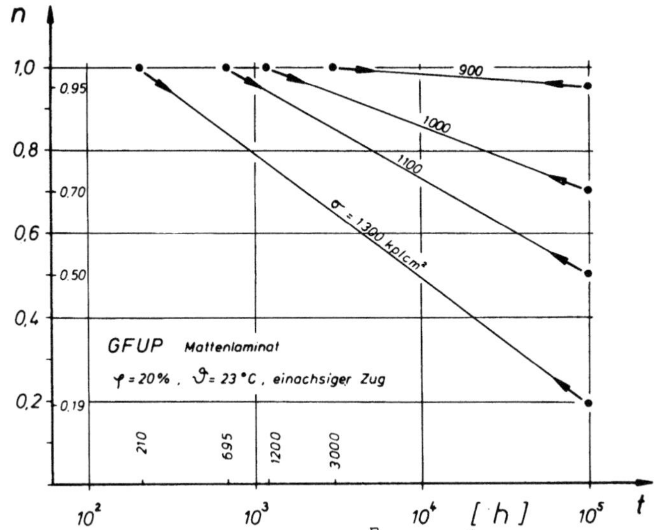

$$n = \frac{\text{Dauerlast}}{\text{Höchstlast}} \qquad n = \frac{E_1}{1 - e^{-\frac{E_1}{\eta_1} t}} \left(\frac{\varepsilon_{Br}}{\sigma^*} - \frac{1}{E_0} \right)$$

Abb. 63: Bestimmung der Lebensdauer in Abhängigkeit von n

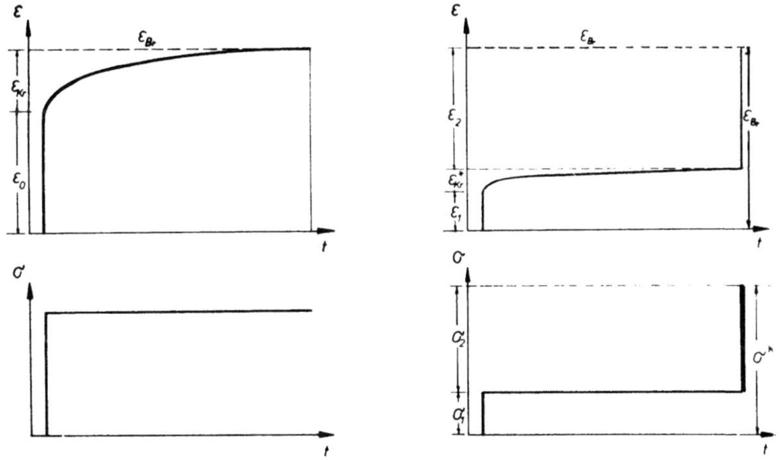

$$\sigma = \frac{E_0 \cdot \varepsilon_{Br}}{\frac{E_0}{E_1} + 1} \qquad \sigma^* = \frac{E_0 \cdot \varepsilon_{Br}}{\frac{n \cdot E_0}{E_1} + 1}$$

$$n = \frac{\text{Dauerlast}}{\text{Höchstlast}}$$

Abb. 64: Beanspruchbarkeit für eine gewünschte Lebensdauer

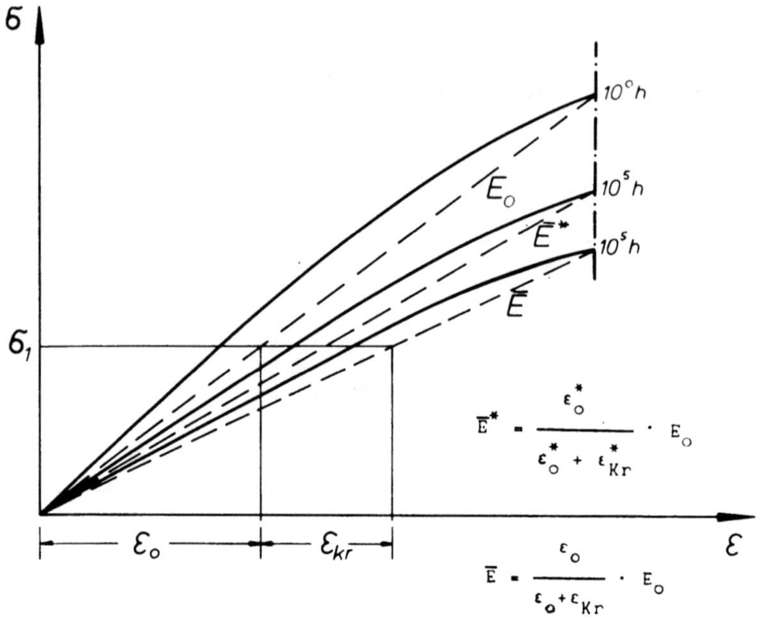

Abb. 65: Bestimmung des Ersatz-E-Moduls

Wenn es gelungen ist, den Zusammenhang zwischen Kriechen und Festigkeitsverlust aufgrund eines mechanischen Modells vollständig zu beschreiben – ein Versuch, der an meinem Lehrstuhl z. Z. unternommen wird – kann auch das Problem des Erholverhaltens der Kunststoffe mit seinen Folgen zuverlässig erfaßt werden. Unter Erholverhalten ist dabei die Rückbildung von Kriechverformungen zu verstehen. Dabei ist noch ungeklärt, ob trotz der Rückbildung Festigkeitsverluste zu erwarten sind.

Zusammenfassend ist zu sagen, daß der Kunststoffbau neue, bisher im Bauwesen unbekannte Wege gehen muß, um mit den unerwünschten Eigenheiten der Kunststoffe fertig zu werden und ihre Vorzüge voll zur Geltung zu bringen. Das dargestellte Bemessungsverfahren soll einen einfachen Weg zeigen, Festigkeitsabfall und wirklich zu erwartende Verformung zutreffend vorherzusagen und damit nicht nur zu einer wirtschaftlicheren Nutzung der Festigkeiten zu kommen, sondern die Standsicherheit von Kunststoff-Konstruktionen unabhängig vom jeweiligen Objekt genau wie bei Verwendung der bekannten Baustoffe nachweisen zu können.

Vergleich der Ausgangswerte zur Berechnung von Konstruktionen aus:

Kunststoff		Stahl	
1. Material- kennwerte	Werte aus Zeitstandsdiagramm des Herstellers	Materialkennwerte	
$E_0 = \frac{\sigma_0}{\varepsilon_0}$	wobei $\varepsilon_0 = \varepsilon_{Br} - \varepsilon_{Kr}$ (nach 10^5 Std)	$E_0 = \frac{\sigma_0}{\varepsilon_0}$	wobei ε_0 für Proportio- nalitätsgrenze gilt
$E_1 = \frac{\sigma_0}{\varepsilon_{Kr}}$	wobei ε_{Kr} nach 10^5 Std	$\varepsilon_{Br} =$	Grenzdehnung vor Beginn des Fließens
$\eta_1 = E_1 \cdot t_R$	$t_R =$ Relaxationszeit bei $\varepsilon_R = 0{,}632 \,.\, \frac{\sigma_0}{E_1}$		
$\varepsilon_{Br} =$	Grenzdehnung nach 10^5 Std		
hieraus: $\sigma_{Br} = \frac{E_0 \cdot \varepsilon_{Br}}{\frac{E_0}{E_1} + 1}$		hieraus: $\sigma_{Br} = E_0 \cdot \varepsilon_{Br}$	
2. Lastannahmen für Höchstlast nach DIN 1055			

Lastart	Höchst- last	Kriecherzeu- gende Dauer- last (geschätzt)	Höchstlast
Eigengewicht	g	g	g
Wind	w	0,15 w	w
Schnee	p_s	0,30 p_s	p_s
Sonstige	p	0,50 p	p

Bestimmung von *n:*

$$n = \frac{\sum \text{Kriecherzeugende Last}}{\sum \text{Höchstlast}}$$

Kunststoff	Stahl
3. Zulässige Beanspruchung für 10 Jahre Lebensdauer $\sigma_{zul} = \frac{\sigma_{Br}}{\nu \cdot A_1}$ wobei $A_1 = n \frac{E_0}{E_1} + 1$	3. Zulässige Beanspruchung $\sigma_{zul} = \frac{\sigma_{Br}}{\nu}$
4. Elastizitätsmodul $E^* = \frac{E_0}{A_1}$	$E = E_0$

Berechnungsbeispiel für eine Kunststoffkonstruktion:

1. Materialkennwerte des Herstellers:

(1) $E_0 = 30000 \text{ kp/cm}^2$

(2) $E_1 = 60000 \text{ kp/cm}^2$

(3) $\eta_1 = 15 \cdot 10^7 \frac{\text{kp} \cdot \text{h}}{\text{cm}^2}$

(4) $\varepsilon_{Br} = 0{,}05$

hieraus: Bruchspannung bei 10^5 Std. Dauerlast:

$$\sigma_{Br} = \frac{E_0 \cdot \varepsilon_{Br}}{\frac{E_0}{E_1} + 1} = \frac{30000 \cdot 0{,}05}{0{,}5 + 1} = \underline{1000} \text{ kp/cm}^2$$

2. Lastannahmen nach zu erweiternder DIN 1055

	Höchstlast kp/m²	Kriecherzeugende Dauerlast kp/m²
Eigengewicht	10	10
Wind	80	15
Schnee	75	25
	165	50

3. Bestimmung von *n*:

$$n = \frac{50}{165} = \underline{0{,}3}$$

4. Zulässige Beanspruchung:

$$\sigma_{zul} = \frac{\sigma_{Br}}{\nu \cdot A_1} \qquad \nu = 2$$

$$A_1 = n \frac{E_0}{E_1} + 1 = 0{,}3 \cdot 0{,}5 + 1 = 1{,}15$$

$$\sigma_{zul} = \frac{1000}{2 \cdot 1{,}15} = \underline{435} \text{ kp/cm}^2$$

5. Rechnerischer *E*-Modul für Verformungs- und Stabilitätsuntersuchungen:

$$E^* = \frac{E_0}{A_1} = \frac{30000}{1{,}15} = \underline{26000} \text{ kp/cm}^2$$

Von hier ab wird in der auch für andere Baustoffe üblichen Weise weitergerechnet.

6. Gewinn an Lebensdauer bei $n < 1$:

Würde die oben errechnete zulässige Beanspruchung von 435 kp/cm² durch eine Dauerlast erzeugt ($n = 1$), so würde bei gleicher Sicherheit die Festigkeit bereits nach t Stunden erschöpft sein. In diesem Falle ist:

$$t = \frac{\eta_1}{E_1} \ln \left[1 - \frac{E_1}{n} \left(\frac{\varepsilon_{Br}}{\sigma_{Br}^*} - \frac{1}{\mathrm{E}_0} \right) \right]$$

$$= \frac{15 \cdot 10^7}{60\,000} \ln \left[1 - \frac{60\,000}{1{,}0} \left(\frac{0{,}05}{1300} - \frac{1}{30\,000} \right) \right]$$

$$= 920 \text{ Std} \ll 100\,000 \text{ Std.}$$

Literaturhinweise

Czerwenka, G. / Schnell: Rechenmethoden des Leichtbaus I und II, Bibliographisches Institut Mannheim, 1969

Domke, H.: Grundlagen konstruktiver Gestaltung, Bauverlag 1972

Ders.: Methods for calculating permissible stresses in load bearing plastics panels as a function of their life span; Symposium "The use of Plastics for Load Bearing and Infil Panels", September 1974, University of Surrey

Ebner, H.: Instabilitätserscheinungen bei dünnwandigen Baukörpern, VDI-Zeitschrift 1962

Ders.: Festigkeits- und Steifigkeitsprobleme des Leichtbaus, Springer-Verlag 1955

Freyschlag, H.: Chemie – Die Frage nach dem Stoff, Chr. Belser Verlag 1967

Lenk, R. S.: Rheologie der Kunststoffe, Carl Hanser Verlag 1971

Meckelburg: Kleben als Fügeverfahren für glasfaserverstärkte Kunststoffe, Zeitschrift „Kunststoffe" 1964

Menges, G.: Werkstoffkunde der Kunststoffe, Sammlung Göschen, 1970

Ders.: Die mechanische Tragfähigkeit von Kunststoffen; Informationsschrift der Bauaufsicht von Nordrhein-Westfalen, 1973

Ders.: Kriterium kritische Stauchung – Abschätzen der Stabilität von Bauteilen; Kunststoffberater 1969

Menges, G. / Taprogge, R.: Denken in Verformungen erleichtert das Dimensionieren von Kunststoffteilen, Teil 1 und 2, VDI-Z 112, 1970

Laufende Veröffentlichungen aus dem Institut für Kunststoffverarbeitung an der TH Aachen

Saechtling, H. J.: Bauen mit Kunststoffen, Carl Hanser Verlag 1973

Schreyer, G.: Konstruieren mit Kunststoffen, Bd. I und II, Carl Hanser Verlag 1972

Taprogge, R.: Berechnung von Kunststoffteilen unter Berücksichtigung ihres Zeitstandverhaltens, Zeitschrift „Kunststoffe" 1973, Heft 7

Wesche, K. H.: Baustoffe für tragende Bauteile, Band IV: Holz, Kunststoffe, Bauverlag 1973

Summary

Although plastics when used for building purposes possess properties which are to a large extent unique, they also manifest a great many structural disadvantages, the complete elimination of which cannot be achieved through material improvement alone. These disadvantages mainly comprise the dependence on the degree and duration of load within a wide range of temperatures, the relatively high rate of elastic deformation under load, creep strain and fluctuating temperatures and susceptibility to conditions of local overstress and difficult manufacturing conditions.

Such deficiencies can be neutralized only by aiming at a systematic structural design. Possibilities are discussed, followed by details of a process by which it is possible to give an accurate forecast of load-bearing capacity, durability and expected deformation.

Résumé

Les avantages pratiquement uniques des matières plastiques comme matériaux de construction s'accompagnent d'un certain nombre d'inconvénients de caractère structural, dont la suppression définitive du point de vue matériel ne peut guère être escomptée. Parmi ces inconvénients on peut citer avant tout l'influence exercée sur la solidité par le niveau et la durée de la charge et des températures correspondantes, les déformations relativement grandes par charge élastique, par fluage et par suite de modifications de température, la sensibilité aux surcharges locales et les conditions de fabrication difficiles.

Seule une conception appropriée d'une construction permet de remédier à ces défauts. On discute de telles possibilités et on parle ensuite d'une méthode permettant de faire des pronostics fiables sur la capacité de charge, la durée de vie ainsi que la déformation probable.

Diskussion

Herr Eichhorn: Mich würde die Beurteilung des Alterungsverhaltens der Kunststoffe im Bauwesen durch Sie interessieren. Sie haben vom Festigkeitsabfall und von den Kriechdehnungen in Abhängigkeit von der Zeit gesprochen. Es gibt aber auch aus der jetzt zumindest zehn Jahre zurückliegenden Erfahrung über Kunststoffe, die im Bauwesen verwendet worden sind, andere Erfahrungen hinsichtlich der Alterungsversprödung dieser Kunststoffe, ihrer Formbeständigkeit, Farbbeständigkeit usw., besonders unter dem Einfluß von Witterungsbedingungen.

Herr Domke: Die Wirkung der Alterung ist sehr unterschiedlich, je nach dem, welchen Einflüssen die Konstruktion ausgesetzt war. Ist sie einer starken Ultraviolettstrahlung ausgesetzt? Ist sie in einem überbeanspruchten Zustand hohen Feuchtigkeiten ausgesetzt? Das macht sehr viel aus. Es wäre also sinnvoll, statistisch zu erfassen, welchen Witterungs- und sonstigen Bedingungen, die die Alterung beschleunigen, eine Kunststoffkonstruktion ausgesetzt sein könnte, damit man daraufhin entsprechende Reduktionen in den zulässigen Festigkeiten machen kann.

Ein anderer Weg scheint mindestens genauso interessant zu sein, nämlich der, daß man solche Kunststoffkonstruktionen gegen die Wirkung derartiger Einwirkungen schützt, was ja, wie Sie wissen, durch gewisse Deckschichten erreicht werden kann, die in der Fachwelt unter der englischen Bezeichnung Liner bekannt sind. Damit wird die Oberfläche fest verschlossen, auch bei unterschiedlichen Dehnungen, so daß interne Veränderungen der Struktur nicht oder erst sehr verzögert eintreten.

Herr Kosfeld: Ergänzend darf ich sagen, daß trotz der Benutzung von Linern Temperaturunterschiede zu weiteren Alterungsprozessen führen können. Wie kann man diese Prozesse in den Griff bekommen? Bei Belastung sind doch Temperatureinflüsse verstärkt wirksam.

Herr Domke: Es ist so, daß wir Ingenieure nach Möglichkeit versuchen, solche extremen Temperaturunterschiede dadurch zu vermeiden, daß wir die Konstruktion dagegen schützen. Ich bin nicht genügend Werkstoffmann, um zu wissen, welche Möglichkeiten von der Baustoffseite noch bestehen. Dies ist ein Problem, daß sich beispielsweise bei Flachdächern zeigt. Flachdächer, die sehr starken Temperaturunterschieden ausgesetzt sind, zerstören durch ihre wechselnden Dehnungen allmählich sich selbst und die Wände, auf denen sie aufgelagert sind. Die Gegenwirkung liegt meist darin, daß man das Dach so isoliert, daß die äußeren Temperaturänderungen das tragende Bauteil nicht in ihrer eigentlichen Größe erreichen. Das wäre der konstruktive Weg, dem Einfluß von Temperaturänderungen zu begegnen. Im anderen Falle sehe ich im Augenblick, wenn man den Werkstoff nicht verbessern kann, nur noch die Möglichkeit, die Lebensdauer entsprechend zu beschränken.

Herr Kosfeld: Das ist doch das Problem des Olympiadaches, das sich durch die hohen Temperatureinflüsse verfärbt hat?

Herr Domke: Das bezieht sich allerdings nicht auf die Abdeckung, die ich Ihnen vorhin gezeigt habe, sondern das bezieht sich auf eine Zwischendecke in der Schwimmhalle, bei der sich solche Verfärbungen gezeigt haben, weil man ein ungeeignetes Material genommen hat. Das Acrylglas das die eigentlichen Zelte abdeckt, ist nach wie vor ohne jede Alterungserscheinung.

Herr Ebner: Ich sehe in Ihren Ausführungen zu der zeitlich wechselnden Beanspruchung von Kunststofftragwerken gewisse Parallelitäten zu meinen Ausführungen über die Beanspruchung von meerestechnischen Konstruktionen infolge des unregelmäßigen Seegangs. Ebenso wie beim Seegang braucht man auch bei den Kunststoffkonstruktionen statistische Unterlagen über die zeitlich veränderliche Einwirkung des Windes und der Temperaturen. Man muß also dafür sorgen, daß man die stochastischen Werte möglichst in der Form von Frequenzspektren erhält. Hierzu bedarf es leider länger dauernder Messungen, so daß man erst in einigen Jahren eine klare Aussage machen kann, welche Grenzwerte der Spannungen man einhalten muß, wenn man eine bestimmte Lebensdauer verlangt. Das gleiche Problem liegt auch bei der Ermüdungsfestigkeit vor.

Herr Wirtz: Zu den genannten Zeiträumen möchte ich sagen, daß zehn Jahre für den Bauingenieur schon eine ganze Menge sind, im Grunde aber doch viel zu wenig. Im allgemeinen bauen wir für viel längere Zeiträume und müssen das auch, denn allein die steuerliche Abschreibung der Bauwerke verlangt das. Deshalb sollte man doch anstreben, die wirklichen Erfordernisse aus der Dauerfestigkeit dadurch genauer und früher festzustellen, daß man irgendwie in kurzzeitigen Versuchsreihen die gleichen Wirkungen erzielt. Beispiel dafür sind die Dauerschwingversuche im Stahl- und Stahlbetonbau, bei denen man die vielen tausend oder Millionen Lastwechsel, die eine Brücke über Jahrzehnte erfährt, auf kurze Zeiträume zusammendrängt und daraus dann die Auswirkungen in etwa voraussagen kann. Etwas ähnliches hinsichtlich der Alterung und der sonstigen Dinge, die im Vortrag erwähnt worden sind, in einem kurzzeitig zusammengefaßten, aber etwa gleiche Wirkung erreichenden Versuch zu machen, wäre doch meiner Meinung nach eine erstrebenswerte Sache.

Herr Domke: Ich darf sagen, daß derartige Versuche natürlich schon längst gemacht sind. Leider ist es nicht möglich, die Verhältnisse genauso zu reproduzieren, wie sie über Jahre hin entstehen. Aber man kann beispielsweise durch Verwendung höherer Temperaturen und höherer Grenzlasten natürlich den Vorgang beschleunigen. Die Unsicherheit, die aber immer noch darin bleibt, daß man selbst einen solchen Ersatzversuch nicht absolut zuverlässig interpretieren kann, macht die Zulassungsbehörden heute immer noch sehr zurückhaltend.

Herr Jaenicke: Mich wundert, daß man mit zehn Jahren zufrieden ist. Das ist eine Halbwertzeit von noch nicht einmal drei Jahren. Für den subventionierenden Steuerzahler ist das sehr unerfreulich und für den Verbraucher und den Bauherrn ebenfalls nicht sehr glücklich. Ist das auch bei Beton und anderen Materialien eine wirklich übliche Zeit?

Herr Domke: Ich müßte vielleicht betonen, daß das Problem der Lebensdauer beim Kunststoff stärker in Erscheinung tritt als bei anderen Baustoffen. Keineswegs ist es aber so, daß es dieses Problem bei anderen Baustoffen nicht gibt. Wenn Sie an eine Stahlkonstruktion denken, dann wissen Sie, daß diese der Verrottung ausgesetzt ist, unter Umständen, beispielsweise in einer chemischen Fabrik, sogar innerhalb weniger Jahre. Auch dort muß man sich darüber klar sein, wie lange die Konstruktion hält.

Ich möchte aber noch eine Bemerkung zur Wirtschaftlichkeit machen. Ich selbst habe bei verschiedenen Projekten mitgewirkt, bei denen ich mich sehr bemüht habe, dem Bauherrn klarzumachen, keine allzu aufwendige Baukonstruktion zur Abschirmung seiner Maschine gegen Umwelteinflüsse zu verwenden. Dies deshalb: Da wird eine Maschine aufgestellt, die 10 Millionen kostet. Diese Maschine ist nach fünf Jahren abgeschrieben. Sie wird sogar mit Gewißheit nach zehn Jahren weggenommen und durch eine neue ersetzt. Wenn ich aber jetzt für diese Maschine eine Halle gebaut habe, die fünfzig oder hundert Jahre hält, so wird sich natürlich der Besitzer scheuen, diese Halle abzureißen, wenn er eine neue Maschine, die ganz andere Abmessungen hat, aufstellt. Wenn er hingegen die Halle sozusagen als eine Verpackung seiner Maschine sieht, die 5–8% der Gesamtinvestition ausmacht, fällt die Entscheidung viel leichter.

Herr Kosfeld: Ist das rheologische Modell, das Maxwell'sche Modell oder das Voigt'sche Modell, nicht zu einfach, um auf die Dauer die Eigenschaften des Werkstoffs auf eine zulässige Spannungsbeanspruchung hin zu beschreiben? Müßte man dieses Modell nicht irgendwie erweitern? (s. h. E. Jenckel: Kolloid-Z. 134,*1* (1953))

Herr Domke: Es ist so, daß man an sich, wenn man die Vorgänge des einzelnen speziellen Werkstoffes genauer beschreiben will, dieses Modell erweitern müßte. Das kann man, und man hat sogar solche Versuche gemacht, wobei eben diese Elemente der Federn und des Dämpfers in Kombinationen bis zu zwanzig Stück verwendet wurden, um ein Verhalten zu simulieren, das dem wirklichen entspricht.

Wenn Sie aber bedenken, daß damit natürlich eine unglaubliche Differenzierung notwendig wird, denn jeder Kunststoff ist ja ein wenig anders und müßte jedesmal durch ein neues oder ein erweitertes Modell beschrieben werden; wenn Sie weiterhin bedenken, daß die Werkstoffwerte, die man aus Proben gewinnt, schon an sich eine ziemliche Streuungsbreite haben, dann ergibt sich natürlich die Frage, ob eine so große Genauigkeit überhaupt sinnvoll ist. Wenn ich also beispielsweise mit diesem Modell die Größenordnung bis zu 90% richtig erwische, dann spielen die Differenzen über die restlichen 10% im Hinblick auf die wirklich erreichbaren Festigkeiten nicht die entscheidende Rolle. Ich kann dann sogar sagen: Aus Sicherheitsgründen bleibe ich überall 10% unter diesem Wert. Das ist für uns im Bauwesen von allergrößter Wichtigkeit, weil wir dann ein einfaches Berechnungsverfahren haben und sicher sein können, daß unsere Konstruktion hält.

Es ist aber durchaus möglich, und ich stimme Ihnen zu, wenn Sie sagen, daß die Entwicklung sicherlich wie bei jeder anderen Wissenschaft in einer Verfeinerung enden wird. Im Augenblick sollten wir aber, zumindest im Bauwesen, sehr bescheiden sein, denn wir wissen viel zu wenig über den Kunststoff und müssen froh sein, wenn wir überhaupt einmal eine Arbeitstheorie haben, mit der wir eine Vorherberechnung durchführen können, wenn sie auch nur grob ist. Das ist doch eigentlich in der Entwicklung bei den anderen Baustoffen auch so gewesen: Die Modelle, die wir machen konnten, waren vor hundert Jahren außerordentlich einfach und sind dann immer komplizierter geworden. So wird es mit dem Kunststoff auch gehen. Verstehen Sie es bitte so, daß ich versuchen möchte, eine Ausgangsbasis aufzuzeigen.

Herr Förster: Ich möchte fragen, ob nicht die Verwendung von Kunststoffen bei Brückenlagern in dieses Gebiet gehört. Da gäbe es doch einige ganz interessante Beispiele.

Herr Domke: Es ist gut, daß Sie darauf hinweisen. Das gilt für die sogenannten Elastomere. Der Vorteil der gummielastischen Nachgiebigkeit wird hier dazu verwendet, einfache bewegliche Lager zu konstruieren, die ohne mechanisch bewegliche Teile durch eine bloße Verformung der Stützkörper eine Bewegungsmöglichkeit geben. Von dieser Möglichkeit wird bei Bewegungen bis zu 3 oder 4 cm – das ist im Brückenbau schon recht viel – heute umfangreich Gebrauch gemacht. Das hat zu einer erheblichen Vereinfachung und Kosteneinsparung geführt.

Herr Winterhager: Ich möchte noch einmal auf die Beurteilung des Brandverhaltens zurückkommen. Sie sagten, Kunststoffe seien in der Gruppe B 1, B 2 oder B 3, also etwa so eingruppiert wie Holz. Ist dabei auch berücksichtigt, daß der Kunststoff selbst zwar nicht entflammt wird, aber dann, wenn er durch einen Brandherd angestrahlt wird und dabei Temperaturen von über 100 Grad erreicht, in die Knie geht und anfängt zu fließen, so daß die Konstruktion einstürzt?

Die zweite Frage ergibt sich aus der ersten: Was sagen eigentlich die Feuerversicherungen? Erhöhen die Feuerversicherungen die Prämien für Bauten, die wesentliche Teile aus Kunststoff in der tragenden Konstruktion haben?

Herr Domke: Es erhebt sich hier die Frage, ob man ein Bauwerk absolut feuersicher machen muß oder ob es nicht erste und unabdingbare Forderung sein sollte, dafür zu sorgen, daß bei Brand die Menschen schnell aus dem Gebäude herauskommen können.

Tatsächlich ist es so, daß die Kunststoffe eine sehr geringe Feuerwiderstandsfähigkeit haben. Wenn man weiterhin bedenkt, daß beim Kunststoff recht dünnwandige Profile verwendet werden, während im Holzbau doch recht massive Teile Verwendung finden, die also eine gewisse Zeit benötigen, bis sie abbrennen, so ist es vollständig richtig, wenn man sagt, daß die Feuergefahr beim Kunststoff größer ist als beim Holz, obwohl beide brennbar sind.

Beim Kunststoff wie beim Holz kann man aber auch die Entflammbarkeit durch Zusätze stark mildern. Man sollte daher im konstruktiven Sinne die Forderung treffen, daß man haupttragende Konstruktionen nicht aus Kunststoff macht, sondern nur Nebentragwerke, damit etwaiges Versagen örtlich begrenzt bleibt.

Zu Ihrer Frage wegen der Feuerversicherung kann ich leider nichts sagen. Ich möchte aber aus meiner Erfahrung berichten, daß die Vorsichtsmaßnahmen gegen Brand in Deutschland sicherlich an der Spitze stehen. In England gibt es keine offizielle Baupolizei. Es gibt zwar eine Behörde, die bestimmte Richtlinien erstellt, die aber nicht jedes einzelne Objekt darauf untersucht. Dort sind es eben die Richtlinien, die etwas zulassen oder nicht. Ich war bei einem Besuch sehr beeindruckt, zu sehen, daß in England eine ganze Anzahl von Bauten mit tragenden Kunststoffelementen errichtet wurden. Dabei ist mir nichts über ungewöhnlich hohe Feuerversicherungsprämien bekannt geworden.

Herr Förster: Sie haben generell die Eigenschaft des Kriechens als negative Eigenschaft des Kunststoffes herausgestellt; jedenfalls habe ich Sie so verstanden. Nun habe ich aber ein markantes neues Beispiel vor Augen, bei dem man gerade die Eigenschaft des Kriechens in hervorragendem Maße positiv in einem Bauwerk eingesetzt hat, nämlich bei Brückenlagern auf hohen starren Pfeilern, die einer Verkantungsgefahr ausgesetzt sind.

Herr Domke: Dazu möchte ich sagen, daß eigentlich jede Eigenschaft eines Baustoffes sowohl positiv wie negativ gewertet werden kann. Wenn ich hier das Negative herausgestellt habe, so bezog sich das auf das Verformungsproblem. Ich wollte also die Verformungen klein halten. Es gibt aber Fälle, in denen große Verformungen geradezu erwünscht sind, beispielsweise bei den von Ihnen vorhin schon angesprochenen Brückenlagern. Dort wird man es natürlich begrüßen, wenn durch Kriechen die Verformung vergrößert wird und damit die Kräfte kleiner werden, die hier wirken. Es gibt aber, was das Kriechen angeht, noch andere Gründe, aus denen man es als positiv ansehen kann. Wenn man beispielsweise eine komplizierte Konstruktion zusammenzwängt, wird diese Konstruktion nachher in einem Zustand des geringsten Energieniveaus kriechen, das heißt, Spannungsspitzen, die sich aus dem Zusammenbau ergeben, werden durch das Kriechen abgebaut, was durchaus eine positive Eigenschaft ist. Mir schien das aber ein Randproblem zu sein, auf das ich heute nicht näher eingehen konnte.

Herr Schreyer: Ich möchte gern eine diesbezügliche Frage an den Chemiker stellen. Herr Domke hatte ja den Festigkeitsabfall immer nur auf äußere Einflüsse, also auf das Kriechen oder auf die Alterung durch Witterungseinflüsse usw., zurückgeführt. Gibt es nicht auch sozusagen einen inneren Zerfall dieser Kunststoffe? Die Frage wäre zu klären, ob nicht Kunststoffe, die man ja meist unter erhöhtem Druck als Hochpolymere herstellt, chemisch-thermodynamisch gesehen unter Normaldruck instabil sind. Müßte man in diesem Falle nicht auch eine gewisse Alterung dadurch annehmen, daß sich die Struktur oder der Polymerisationsgrad im Lauf der Zeit verändert?

Herr Kosfeld: Kunststoffe sind nicht chemisch instabil, sondern stabil. Was Sie meinen, liegt daran, daß die Kunststoffe nicht molekular einheitlich sind, also Molekulargewichtsverteilungen zeigen, und diese Molekulargewichtsverteilungen haben zur Folge, wie man nachweisen kann, daß Entmischungen in kleinen mikroskopischen Bereichen auftreten. Diese entmischten Bereiche sind nicht stabil (im Sinne der Thermodynamik) und führen daher zu Mikrorissen und zur Abnahme der Belastbarkeit des Kunststoffes. Das ist ein Problem, das erst seit jüngster Zeit näher untersucht wird.

Aber was ich sagen wollte, ist dies: Das Kriechen in dem Sinne, wie es vorhin erörtert wurde, und in dem Sinne von Herrn Domke, ist unterschiedlich. An Brückenlagern werden kautschukelastische Kunststoffe verwendet, die dadurch charakterisiert sind, daß sie oberhalb einer bestimmten Temperatur, nämlich der Glastemperatur, eingesetzt werden, während die Baustoffe wesentlich unterhalb der Glastemperatur eingesetzt werden. Da ergeben sich vollständig andere Materialeigenschaften und vollständig andere Beanspruchungsmöglichkeiten. Ein kautschukelastischer Stoff ist immer im inneren Gleichgewicht, während es ein Glas nicht ist. Daher gibt es häufig aus dieser Unkenntnis heraus sehr große Schwierigkeiten beim Einsatz von Kunststoffen. Aber über derartige Probleme hat sich ja Herr Professor Meixner in Aachen mehrere Jahre Gedanken gemacht.

Herr Schmitz: Ich darf eine Frage an den Chemiker anschließen: Liegen Erfahrungen über das Zusammenwirken von Kunststoffen verschiedenster

Art, die unterschiedliche Festigkeiten haben, vor? Ist da eine gegenseitige Beeinflussung zu erwarten?

Herr Kosfeld: Das ist das Problem, das ich gerade anzureißen versuchte. Es treten, wenn Kunststoffe nicht miteinander verträglich sind, Entmischungen auf. Man hat das sehr schön beim Polyäthylen zeigen können, das man langsam kristallisieren ließ. Es zeigte sich dann, daß nebeneinander Blöcke verschiedener Kristallitgrößen lagen, die sehr deutlich voneinander getrennt waren. In der Metallkunde nennt man das, glaube ich, Seigerungen.

Diese Phasentrennungen in mikroskopischen Bereichen sind ein noch ungelöstes Problem. Das wird die Fragen, die Herr Domke gern gelöst haben möchte, um Festigkeiten vorzugeben, stark beeinflussen.

Die Frage der Entmischung von Polymeren in fester Phase ist also ein Problem, das in den nächsten Jahren gelöst werden muß. Solche Entmischungen sind deutlich zu sehen, wenn man das Material periodisch belastet. Spannungen, die vorher im Material waren, werden abgebaut, das Spannungsprofil ändert sich. Molekular gesehen, kann dies zu Entmischungen führen und somit Schwierigkeiten hinsichtlich der Festigkeit verursachen. Das ist ein Teilaspekt, gegen den man zur Zeit noch nichts machen kann, auch dann nicht, wenn die Kunststoffe gegen Bewitterung oder Temperatur geschützt werden.

Das ist eine Frage der inneren Spannungen des Materials, und die versucht Herr Menges durch sein „Epsilon kritisch" in den Griff zu bekommen und somit den jeweiligen Kunststoff zu bewerten.

Herr Zerna: Sie haben in Ihrem Vortrag die Kunststoffe, wie Sie sie sehen, immer mit den anderen klassischen Baustoffen verglichen, im wesentlichen mit Stahl und Beton. Sie haben die Kunststoffe nicht mit einem weiteren sehr interessanten Werkstoff verglichen, nämlich mit Aluminium oder Aluminiumlegierungen, denen es nicht gelungen ist, in größerem Maße in das Bauwesen Eingang zu finden.

Wie beurteilen Sie die *Zukunft* dieses Werkstoffes im Bauwesen unter Berücksichtigung der Kosten für Kunststoffe? In den nächsten Jahren ist sicherlich nicht zu erwarten, daß sie niedriger werden.

Herr Domke: Ich würde sagen, daß es sicherlich eine Illusion ist zu glauben, in Zukunft würden Bauwerke nur aus Kunststoff errichtet, von einigen Sonderfällen, die ich geschildert habe, abgesehen. Die Versuche die ich an anderen Stellen gesehen habe, vor allen Dingen in England, zeigen, daß man dort sehr schnell an die Grenze kommt.

Ich möchte sagen: Kunststoffe werden in der näheren Zukunft – in den nächsten zehn Jahren – im wesentlichen als sekundäre Tragelemente Verwendung finden. Da allerdings sehe ich eine sehr große Möglichkeit, insbesondere darin, daß man in Zukunft Dächer und Wände lichtdurchlässig herstellen kann. Das ist beispielsweise für eine Fabrikhalle, bei der heute sehr teure Fensterkonstruktionen notwendig sind, eine erhebliche Kostenverringerung, denn man darf ja nicht nur den Ausgangsbaustoff sehen, sondern muß das Gesamtbauwerk mit allem Zubehör betrachten.

Wenn man die Eigenschaft der Lichtdurchlässigkeit stärker ausnutzt, und zwar für sekundäre Tragelemente, das heißt für bestimmte zwischen Bindern ausgespannte Dachelemente bzw. für Lichtbänder in Wänden, dann würde ich glauben, daß der Kunststoff da ein echtes Feld hat. Wie gesagt, die Beispiele, die ich gezeigt habe, mit dem, was man machen kann, müssen nicht unbedingt richtungweisend für die nächste Zeit sein, aber es ist ja immer interessant, die Möglichkeiten zu kennen. Man sollte aber zunächst etwas bescheidener anfangen.

Veröffentlichungen
der Arbeitsgemeinschaft für Forschung des Landes Nordrhein-Westfalen
jetzt der Rheinisch-Westfälischen Akademie der Wissenschaften

Neuerscheinungen 1971 bis 1974

Vorträge N *Heft Nr.*		NATUR-, INGENIEUR- UND WIRTSCHAFTSWISSENSCHAFTEN
210	*Léon H. Dupriez, Löwen*	Währungsprobleme der EWG
	Wilhelm Krelle, Bonn	Die Ausnutzung eines gesamtwirtschaftlichen Prognosesystems für wirtschaftliche Entscheidungen
211	*Bernhard Rensch, Münster*	Probleme der Gedächtnisspuren
	Helmut Ruska †, Düsseldorf	Was kann der Biologe noch von der Elektronenmikroskopie erwarten?
212	*Franz Koenigsberger, Manchester*	Die Wechselwirkung zwischen Forschung und Konstruktion im Werkzeugmaschinenbau
	Rolf Hackstein, Aachen	Quantitative Analyse von Mensch-Maschine-Systemen
213	*Günter Schmölders, Köln*	Die öffentlichen Ausgaben als Elemente einer konjunkturpolitisch orientierten Haushaltsführung
	Erich Potthoff, Köln	Die Einheit der Unternehmensführung bei dezentralen Verantwortungsbereichen
214	*Martin Schmeißer, Dortmund*	Plasmachemie – ein aktuelles Teilgebiet der präparativen Chemie
	Gerhard Fritz, Karlsruhe	Bildung und Eigenschaften von Carbosilanen
215	*Charles Sadron, Orléans*	Die biologischen Makromoleküle
	Adolphe Pacault, Talence/Bordeaux	Einführung in eine phänomenologische Untersuchung der Evolution von Systemen
216	*Werner Th. O. Forßmann, Düsseldorf*	Moderne Knochenbruchbehandlung im allgemeinen Krankenhaus
	Carl-Heinz Fischer, Düsseldorf	Forschungsergebnisse und erste Erfahrungen mit einem neuen Kunststoff-Füllungsmaterial für die Zahnbehandlung
217	*Lothar Jaenicke, Köln*	Sexuallockstoffe im Pflanzenreich
218	*Gerard P. Baerends, Groningen*	Moderne Methoden und Ergebnisse der Verhaltensforschung bei Tieren
	Martin Lindauer, Frankfurt/M.	Orientierung der Bienen: Neue Erkenntnisse – neue Rätsel
219	*Fritz Micheel, Münster*	Reaktionen im flüssigen Fluorwasserstoff; Bildung von Kohlenwasserstoffen aus Kohlenhydraten
	Burchard Franck, Münster	Biosynthese biologisch aktiver Naturstoffe
220	*Basil Joseph Asher Bard, London*	Die Arbeit der National Research Development Corporation und ihre Beurteilung für den industriellen Fortschritt
	Walter Charles Marshall, Harwell	Die Umorientierung eines Kernforschungslaboratoriums
221	*Günter Ecker, Bochum*	Klassische Probleme der Gaselektronik in moderner Sicht
	Werner Rieder, Zürich	Plasma als Schaltmedium
222	*Sven Effert, Aachen*	Biomedizinische Technik
	Ludwig E. Feinendegen, Jülich	Nuklearmedizin im interdisziplinären Feld der Großforschung
223	*Peter A. Klaudy, Graz*	Energieübertragung durch tiefstgekühlte, besonders supraleitende Kabel
	Theodor Wasserrab, Aachen	Elektrospeicherfahrzeuge
224	*Karl Steimel, Frankfurt/M.*	Spurgeführter Schnellverkehr – Schnellverkehr auf der Grundlage des Rad-Schiene-Systems
	Herbert Weh, Braunschweig	Berührungsfreie Fahrtechnik für Schnellbahnen
225	*Hans-Jürgen Engell, Düsseldorf*	Sonderfälle der Korrosion der Metalle
	Winfried Dahl, Aachen	Die mechanischen Eigenschaften der Stähle – wissenschaftliche Grundlagen und Forderungen der Praxis
226	*Wilhelm Dettmering, Essen*	Entwicklungsschritte zur Überschallverdichterstufe
	Friedrich Eichhorn, Aachen	Verfahrenstechnische Entwicklung der Schweißtechnik und ihre Bedeutung für die industrielle Fertigung

227	*Pierre Jollès, Paris*	From Lysozymes to Chitinases: Structural, Kinetic and Crystallographic Studies
	Hugo W. Knipping, Köln	Tuberkulosebekämpfung in Tropenländern
228	*Emanuel Vogel, Köln*	Hückel-Aromaten
229	*Gaston Dupouy, Toulouse*	Microscopie électronique sous haute tension
	Jacques Labeyrie, Gif-sur-Yvette	L'astronomie des hautes énergies
230	*André Lichnerowicz, Paris*	Mathématique, Structuralisme et Transdisciplinarité
231	*Donato Palumbo, Brüssel*	Die Thermonukleare Fusion – ihre Aussichten, Probleme und Fortschritte – innerhalb der Europäischen Gemeinschaft
232	*Oswald Kubaschewski, Teddington (England)*	Praktische Anwendung der metallchemischen Thermodynamik
	Bruno Predel, Münster	Thermodynamik und Aufbau von Legierungen – einige neuere Aspekte
233	*Klaus Wagener, Jülich*	Entwicklung der irdischen Atmosphäre durch die Evolution der Biosphäre
234	*Eduard Mückenhausen, Bonn*	Die Produktionskapazität der Böden der Erde
	Hermann Flohn, Bonn	Globale Energiebilanz und Klimaschwankungen
235	*Bernhard Sann, Aachen*	Die Senkung der Maschinenleistung bei Steigerung der Gewinnungsleistung und die Einsteuerung von Maschinen für die schälende Gewinnung von Steinkohle
	Lothar Freytag, Westfalia Lünen	Möglichkeiten der Verwirklichung von Forschungs- und Versuchsergebnissen in der Konstruktion von Maschinen für die schälende Kohlengewinnung
236	*Werner Reichardt, Tübingen*	Verhaltensstudie der musterinduzierten Flugorientierung an der Fliege *Musca domestica*
	Werner Nachtigall, Saarbrücken	Biophysik des Tierflugs
237	*Henry C. J. H. Gelissen, Wassenaar (Niederlande)*	Maßnahmen zur Förderung der regionalen Wirtschaft, gesehen im Blickfeld der EWG
	Horst Albach, Bonn	Kosten- und Ertragsanalyse der beruflichen Bildung
238	*Victor Potter Bond, Upton (USA)*	The Impact of Nuclear Power on the Public: The American Experience
239	*Hennig Stieve, Jülich*	Mechanismen der Erregung von Lichtsinneszellen
240	*Edmund Hlawka, Wien*	Mathematische Modelle der kinetischen Gastheorie
241	*Werner Buckel, Karlsruhe*	Aktuelle Probleme der Supraleitung
	Werner Schilling, Jülich	Zwischengitteratome in Metallen
242	*Reimar Lüst, München*	Plasma-Experimente im Weltraum
243	*Giuseppe Montalenti, Rome*	Recent advances in the understanding of some selective mechanisms in man
	G. H. Ralph von Koenigswald, Frankfurt/M.	Entwicklungstendenzen der frühen Hominiden
244	*Volker Aschoff, Aachen*	Aus der Geschichte der Nachrichtentechnik
245	*Lucien Coche, Paris*	Angewandte Forschung für die Stahlerzeugung in den Unternehmen, auf nationaler Ebene und in der Europäischen Gemeinschaft
	Ludwig von Bogdandy, Duisburg	Wechselwirkungen zwischen physikalisch-chemischer Grundlagenforschung, theoretischer Metallurgie und großindustrieller Stahlerzeugung
246	*Theodor Wieland, Heidelberg*	Cyclische Peptide als Werkzeuge der molekularbiologischen Forschung
	Karl-Dietrich Gundermann, Clausthal-Zellerfeld	Grundlagen und Anwendungsmöglichkeiten von Chemilumineszenz, der Umwandlung von chemischer Energie in Licht
247	*Martin J. Beckmann, München und Providence, R. I.*	Wirtschaftliches Wachstum bei erschöpfbaren Ressourcen
	Peter Schönfeld, Bonn	Neuere Beiträge zur statistischen Behandlung autoregressiver Regressionsmodelle
248	*Hermann Haken, Stuttgart*	Quantenoptik, Laser, nichtlineare Optik
249	*Werner Hauss, Münster*	Über Erkrankungen des Herzens und der Gefäße im Alter, insbesondere über den Herzinfarkt und seine Behandlung
	Wolfgang Lutzeyer, Aachen	Die Behandlung des Blasensteins
250	*Helmut Holzer, Freiburg/Br.*	Regulation der Lebensvorgänge auf Enzymebene
251	*Hans Ebner, Aachen*	Grundlagen zum Entwurf von Plattformen und Behältern für die Meerestechnik
	Helmut Domke, Aachen	Probleme bei der Verwendung von Kunststoffen für tragende Konstruktionen

ABHANDLUNGEN

Band Nr.		
20	*Theodor Schieder, Köln*	Das deutsche Kaiserreich von 1871 als Nationalstaat
21	*Georg Schreiber †, Münster*	Der Bergbau in Geschichte, Ethos und Sakralkultur
22	*Max Braubach, Bonn*	Die Geheimdiplomatie des Prinzen Eugen von Savoyen
23	*Walter F. Schirmer, Bonn, und Ulrich Broich, Göttingen*	Studien zum literarischen Patronat im England des 12. Jahrhunderts
24	*Anton Moortgat, Berlin*	Tell Chuēra in Nordost-Syrien. Vorläufiger Bericht über die dritte Grabungskampagne 1960
25	*Margarete Newels, Bonn*	Poetica de Aristoteles traducida de latin. Ilustrada y comentada por Juan Pablo Martir Rizo (erste kritische Ausgabe des spanischen Textes)
26	*Vilho Niitemaa, Turku, Pentti Renvall, Helsinki, Erich Kunze, Helsinki, und Oscar Nikula, Abo*	Finnland – gestern und heute
27	*Ahasver von Brandt, Heidelberg, Paul Johansen, Hamburg, Hans van Werveke, Gent, Kjell Kumlien, Stockholm, Hermann Kellenbenz, Köln*	Die Deutsche Hanse als Mittler zwischen Ost und West
28	*Hermann Conrad †, Gerd Kleinheyer, Thea Buyken und Martin Herold, Bonn*	Recht und Verfassung des Reiches in der Zeit Maria Theresias. Die Vorträge zum Unterricht des Erzherzogs Joseph im Natur- und Völkerrecht sowie im Deutschen Staats- und Lehnrecht
29	*Erich Dinkler, Heidelberg*	Das Apsismosaik von S. Apollinare in Classe
30	*Walther Hubatsch, Bonn, Bernhard Stasiewski, Bonn, Reinhard Wittram †, Göttingen, Ludwig Petry, Mainz, und Erich Keyser, Marburg (Lahn)*	Deutsche Universitäten und Hochschulen im Osten
31	*Anton Moortgat, Berlin*	Tell Chuēra in Nordost-Syrien. Bericht über die vierte Grabungskampagne 1963
32	*Albrecht Dihle, Köln*	Umstrittene Daten. Untersuchungen zum Auftreten der Griechen am Roten Meer
33	*Heinrich Behnke und Klaus Kopfermann (Hrsg.), Münster*	Festschrift zur Gedächtnisfeier für Karl Weierstraß 1815–1965
34	*Joh. Leo Weisgerber, Bonn*	Die Namen der Ubier
35	*Otto Sandrock, Bonn*	Zur ergänzenden Vertragsauslegung im materiellen und internationalen Schuldvertragsrecht. Methodologische Untersuchungen zur Rechtsquellenlehre im Schuldvertragsrecht
36	*Iselin Gundermann, Bonn*	Untersuchungen zum Gebetbüchlein der Herzogin Dorothea von Preußen
37	*Ulrich Eisenhardt, Bonn*	Die weltliche Gerichtsbarkeit der Offizialate in Köln, Bonn und Werl im 18. Jahrhundert
38	*Max Braubach, Bonn*	Bonner Professoren und Studenten in den Revolutionsjahren 1848/49
39	*Henning Bock (Bearb.), Berlin*	Adolf von Hildebrand Gesammelte Schriften zur Kunst
40	*Geo Widengren, Uppsala*	Der Feudalismus im alten Iran
41	*Albrecht Dihle, Köln*	Homer-Probleme
42	*Frank Reuter, Erlangen*	Funkmeß. Die Entwicklung und der Einsatz des RADAR-Verfahrens in Deutschland bis zum Ende des Zweiten Weltkrieges
43	*Otto Eißfeldt †, Halle, und Karl Heinrich Rengstorf (Hrsg.), Münster*	Briefwechsel zwischen Franz Delitzsch und Wolf Wilhelm Graf Baudissin 1866–1890
44	*Reiner Haussherr, Bonn*	Michelangelos Kruzifixus für Vittoria Colonna. Bemerkungen zu Ikonographie und theologischer Deutung

45	*Gerd Kleinheyer, Regensburg*	Zur Rechtsgestalt von Akkusationsprozeß und peinlicher Frage im frühen 17. Jahrhundert. Ein Regensburger Anklageprozeß vor dem Reichshofrat. Anhang: Der Statt Regenspurg Peinliche Gerichtsordnung
46	*Heinrich Lausberg, Münster*	Das Sonett *Les Grenades* von Paul Valéry
47	*Jochen Schröder, Bonn*	Internationale Zuständigkeit. Entwurf eines Systems von Zuständigkeitsinteressen im zwischenstaatlichen Privatverfahrensrecht aufgrund rechtshistorischer, rechtsvergleichender und rechtspolitischer Betrachtungen
48	*Günther Stökl, Köln*	Testament und Siegel Ivans IV.
49	*Michael Weiers, Bonn*	Die Sprache der Moghol der Provinz Herat in Afghanistan
50	*Walther Heissig (Hrsg.), Bonn*	Schriftliche Quellen in Moġolī. 1. Teil: Texte in Faksimile
51	*Thea Buyken, Köln*	Die Constitutionen von Melfi und das Jus Francorum
52	*Jörg-Ulrich Fechner, Bochum*	Erfahrene und erfundene Landschaft. Aurelio de'Giorgi Bertòlas Deutschlandbild und die Begründung der Rheinromantik
53	*Johann Schwartzkopff, Münster (Red.)*	Symposium ‚Mechanoreception'
54	*Richard Glasser, Neustadt a. d. Weinstr.*	Über den Begriff des Oberflächlichen in der Romania
55	*Elmar Edel, Bonn*	Die Felsgräbernekropole der Qubbet el Hawa bei Assuan. II. Abteilung. Die althieratischen Topfaufschriften aus den Grabungsjahren 1972 und 1973

Sonderreihe
PAPYROLOGICA COLONIENSIA

Vol. I *Aloys Kehl, Köln*	Der Psalmenkommentar von Tura, Quaternio IX (Pap. Colon. Theol. 1)
Vol. II *Erich Lüddeckens, Würzburg, P. Angelicus Kropp O. P., Klausen, Alfred Hermann † und Manfred Weber, Köln*	Demotische und Koptische Texte
Vol. III *Stephanie West, Oxford*	The Ptolemaic Papyri of Homer
Vol. IV *Ursula Hagedorn und Dieter Hagedorn, Köln, Louise C. Youtie und Herbert C. Youtie, Ann Arbor*	Das Archiv des Petaus (P. Petaus)
Vol. V *Angelo Geißen, Köln*	Katalog Alexandrinischer Kaisermünzen der Sammlung des Instituts für Altertumskunde der Universität zu Köln Band I: Augustus-Trajan (Nr. 1–740)
Vol. VI *J. David Thomas, Durham*	The epistrategos in Ptolemaic and Roman Egypt. Part 1: The Ptolemaic epistrategos

SONDERVERÖFFENTLICHUNGEN

Der Minister für Wissenschaft und Forschung des Landes Nordrhein-Westfalen – Landesamt für Forschung –	Jahrbuch 1963, 1964, 1965, 1966, 1967, 1968, 1969, 1970 und 1971/72 des Landesamtes für Forschung

GPSR Compliance

The European Union's (EU) General Product Safety Regulation (GPSR) is a set of rules that requires consumer products to be safe and our obligations to ensure this.

If you have any concerns about our products, you can contact us on ProductSafety@springernature.com

In case Publisher is established outside the EU, the EU authorized representative is:

Springer Nature Customer Service Center GmbH
Europaplatz 3
69115 Heidelberg, Germany

Batch number: 10584556

Printed by Printforce, the Netherlands